高手賽局

Game Theory For Generalists

「精英日課」人氣作家，
教你拆解、翻轉、主導局勢，成為掌握決策的贏家

萬維鋼 著

推薦文

我們都身在一場場不同的賽局之中

Mr.Market **市場先生**／財經作家

賽局理論，英文叫做作「Game Theory」，也有翻譯稱為博弈論。它的內容的確就像遊戲或博弈一樣，在許多既定條件之下，參與者不僅是考慮到對自己最有利的選擇，還額外考慮了「別人會怎麼做」，權衡之下做出最終決定。

在許多案例中，賽局理論都能發揮它的作用，例如最經典的「囚徒困境」就是透過獎勵與懲罰誘因以及資訊不對稱，讓囚犯的最佳選擇是主動認罪。

但在現實生活中，賽局理論到底有什麼幫助呢？這本書也給出了答案——儘管不一定有意識到，實際上我們都置身在一場場或大或小的賽局裡。

例如求學階段，父母決定要不要送你去補習？這考慮的不僅是補習費或補習的成果而已，還要考慮到如果別的父母都送孩子去補習，你若不去補習，會不會落後他人？

職場階段，該如何談判自已的薪資？又該如何給出能激發動機的薪資？

商業競爭合作，如何確保他人能持續合作，不會輕易背叛？

再往下到公共議題、國家之間競合等，書中舉了很多賽局理論應用的例子以及解決方式。這些其實都是賽局理論的範疇，有些對我們來說太遙遠，但隨著個人的成長，所做的事情涉及到愈多「人」，就必定需要人們共同合作或防止不合作的情況發生。

沒有人是傻瓜，現實也不是一直靜態不變，也許當下自己沒有太多感受，可一旦涉及的人愈多，金額愈大，那麼賽局理論的概念至少在很大程度上能幫我們判斷當下形勢，不至於做出一廂情願的判斷。

如何在現實中運用賽局理論？

在賽局理論傳統的教科書中，會告訴你各種賽局模型，以及計算出最適的流程和公式。這些案例往往充滿了各種假設，例如假設參與者絕對理性、資訊充分、各種利益損失的效用也能夠被量化，最終才能算出一個均衡或不均衡的結果。

可是我們都知道，現實不是這樣運作的。本書中相當有趣的是，作者提出了許多更加符合現實情境的考慮，好比參與者並不絕對理性、參與者資訊並不充分，或是我們實際上並不清楚對每個人而言真正的損益效用。

對這點，我更喜歡舉投資裡面的例子：當某檔股票的股價過於低估時，最合理的情況應該是會被理性的人們大幅買進因而上漲，我們也應該參與進去對嗎？但實際是，你真的這樣做時，有時會符合你的預想，有時不會。

如果人們真的那麼理性，也許當初不合理的下跌根本就不會發生；同理，即便股價低估，也可能有不理性的人因為恐慌而賣到更低點。

而實際上我們認為的低估，很可能一開始就是場美麗的誤會。因為在現實中，我們的資訊並不充分，所以透過各種公開資訊和計算評估的結果，可能比不上內部人早就知道公司有問題。

為什麼許多人投資會追高殺低？這並不理性對吧？但如果他們的效用不僅是金錢利益，而是把情緒的起伏，如追求快速賺錢的刺激、避免虧損的痛苦也一併考慮進去的話，很可能看來不理性的行為，對當事人卻是十分理性的決策。

每個人對自己認識尚不夠清晰，更何況是判斷他人。

了解賽局的限制，賽局理論才能真正應用到現實中，也因為這些限制，所以現實並不絕對會照著賽局理論的推論走。

現實早已是均衡狀態

了解賽局理論觀念後，我們往往會想要透過賽局理論來打破現狀，尋找最佳解。然而現實往往不是讓你設計一個賽局，而是我們早已置身局中。例如自己的孩子是否要送補習班？處在現有的教育制度之下，大多數人並沒有能力改變這個局面規則。

賽局理論似乎暗示著凡事都存在最適解答，所以實際上我們別無選擇嗎？

當我們不是規則制定者時，有些事的確較難以改變，但並非完全無能為力。

舉書中的例子：當我們作為買車客戶時，如果懂得賽局理論，我們就知道可以向多家車行詢問報價，並且傳達我們也有向其他車行詢價，這樣車行就有動機報給我們最低價格。

但反過來說，如果你是車行老闆，接到客戶這種要求時，最佳選擇難道只剩下接受報給客戶最低價，最小化自己利潤這一條路嗎？

當然不是，我們可以調整自己策略，做到服務差異化，或者讓客戶得知更充分的資訊，建立品牌信任，讓客戶選擇的效益不再只有「價格」一個維度。

學會理解賽局理論並不是要我們照著均衡結果走，而是當我們知道最佳均衡不是自己想要的結果時，能在更早的階段察覺，並試著提早準備跳出局外。

當你能透過改變自身的能力與外在條件，或者改變價值判斷基準，不再接受賽局的均衡結果，這就意味著擁有更多選擇權。

期待你能從本書中，找到如何擁有更多選擇權的答案。

推薦文

洞察人心、優化決策的賽局思維

王乾任（Zen大）／作家、講師

為什麼風景區的餐廳多半不怎麼好吃又高價？當老闆變相對全體員工減薪時，該怎麼捍衛權益？喜歡的女孩子總是很多人追，老是找不到對象又該怎麼辦呢？

如果你有前述困擾，萬維鋼老師這本《高手賽局》可以幫助你！

電影《美麗境界》（*A Beautiful Mind*）裡，羅素．克洛（Russell Crowe）飾演的數學家納許（John Nash）在酒吧裡觀察到同儕為了追求美女而爭風吃醋，靈光一閃，想出了日後影響世人思考與決策的重要概念——納許均衡（Nash Equilibrium）。

關於愛情，長期存在的棘手難題之一，就是男人都想追求最漂亮的女性。

然而，漂亮的女生稀有，導致追求者眾，每個人都選對自己有利的做法，結果未必有利。最後只有一人雀屏中選，其他人希望落空。

納許發現，若人皆從自身偏好出發，找到的最佳解，反而不如每個人認清自己的現實狀況，務實地評估，不要執著於眾人追求的美女，反而更有機會找到合適的對象，皆大歡喜。

萬維鋼指出，賽局思維能協助人們認真思考「其他人面對這個情況可能會怎麼做」，再針對其他人行動的結果，設定自己的對策。

二〇二一年五月中，雙北防疫升級後，不少人第一時間跑去賣場搶購物資。太多人同時湧入賣場，造成人員群聚，反讓自己暴露在染疫風險中。原本是為了防疫，反而增加染疫風險，這也是典型的各自尋求最佳解，結果卻造成不好的局面。

萬維鋼說「賽局能幫助我們理解長期存在的各種現象」，也能夠帶領我們「考察現象背後的賽局規則」，找出「改變不好局面」的方法。

萬維鋼在書裡介紹了不少賽局思維下的行動方針，我自己最推薦的是「合作」與「重新設計規則」。

日劇《詐欺遊戲》中，戶田惠梨香飾演的主角屢次能從不利的條件下脫困，關鍵就是在既有遊戲規則下，重新設計出一套能讓團隊合作的遊戲規則，最後連競爭對手都願意加入這個新遊戲規則，因為「通力合作」才是賽局中的最佳解。

坊間介紹賽局理論的書不少，然而，能免於使用複雜數學公式，只透過講故事就讓人聽懂的卻不多。萬維鋼老師這本《高手賽局》，不講複雜公式，以大量生活化的精彩實例，介紹賽局理論中的思想精華與行動方案，是入門賽局理論的難得佳作。

推薦文

學而時常實踐，不亦說乎？

李律／交通大學兼任助理教授

用無法中斷的速度讀完這本《高手賽局》，可以感受到在書寫上的一氣呵成。從行文的簡潔扼要、案例敘事的精彩，都可以感受到作者萬維鋼身為一個長期定居美國的華人，他不僅具備傳統中國士子文人的基本氣質涵養，也有西方社會中對於知識分子的思考維度訓練，兩者的比重是均衡的。

一開始，萬維鋼藉由一般華人相當熟悉的「三十六計」來引介賽局理論，這就打破了我們的僵固想像。他梳理出中國傳統的三十六計與賽局理論的具體差異：三十六計強調出奇、欺敵、零和的戰術，這些都只能當作偶一為之的強迫求勝法；然而在賽局理論的視野與尺度裡，所有世間變局都可能是賽局的一部分，相對於此，賽局理論關注的是理性、務實、計算，選擇合作或是背叛都只是策略的一環，為求最大的獲利值，沒有不必要的倫理考量。

又例如，萬維鋼藉由納許均衡的定義來檢視中國歷史上群雄並起（如春秋戰國）與集權統治（如秦代）的差異，也提供了我思考中國歷史上的政權興替，統一與分立時代之差的新觀點。

好比書中提出一個觀察，歷史上最早揭竿而起的農民反抗者通常不會是最後贏家；這讓我想到了在元末反元勢力割據的群雄中，朱元璋採用了學者朱升「高築牆，廣積糧，緩稱王」的建議。若我們把這區區數個字的最高指導原則，放入元末多個「Player」共同競逐的大棋局中，那麼朱升試圖告訴朱元璋的賽局理論指導原則其實皆有跡可循：在一開始各方角逐的局面中，他始終不強出頭，避免成為眾人圍剿的對象，並且一路善用支持他的信仰力量，包括白蓮教、如來宗與明教等，尊小明王韓林兒為共主，一直到厚積實力之後，才一舉背叛前列而正式稱帝。這也與囚徒困境中在長時間的賽局裡，到了有限次數的最後一戰才背叛，以奪取最大利益的策略相互對應。

不過真實人生通常不是零和賽局，而且與人交往通常是長期關係，不知道什麼時候會是最後一次打交道。在這樣的條件下，與人合作、誠實以對通常是最有利的策略。

書裡用黃蓉與郭靖的例子說明：黃蓉在江湖上走跳，奉行著較為保護自己的策略——「合作」與「背叛」都是選項，靈活運用之。然而郭靖的策略其實也不差，在人與人的交流傾向長期而互有來往的條件下，寧可吃虧也選擇不背叛，始終與人誠懇相待的策略，其實是一種大智若愚的策略（偶爾遇到對方背叛會吃小虧，但整體而言仍是獲利居多）。奇妙的是，黃蓉在郭靖這樣愚鈍而忠厚的對待下，背叛也就不再需要是選項。萬維鋼居然以賽局理論解析出武俠小說中一對佳侶的內在洞察（Insight），這讓我覺得非常浪漫。

誠實作為最佳策略，當一個不背叛的好人來作為招牌，當然就讓我想到了劉皇叔。《三國演義》將劉備寫成一個內外真誠的領袖型人才，但在許多翻案文本中，都敘述劉備是刻意將自己塑造成這樣的形象，因為這是沒有官爵也沒有財富的他，吸引天下賢士依附的最佳籌碼。而徐州牧陶謙虛位以待劉備，表面上是一段惺惺相惜的佳話，實際上仍然是賽局的考量，一個要名聲，一個要權力，兩者可謂各取所需的雙贏賽局。

本書的絕妙觀點引我思考再三，可惜篇幅有限，只能舉隅一二。期望讀者們也能暢讀本書，用賽局理論的觀點來重新思考過去諸多我們認為早已塵埃落定的歷史典故與時局現象，尤其是因科技造成權力重新洗牌的當代社群媒體萬象，說不定也會有全新的發現。誠如作者言，學而時常實踐，不亦說乎？

推薦文

做個不被掌控的「Player」

林靜如（律師娘）／作家

這個世界是由「決策」組成的，不知道你同意嗎？你的生活，也是由「決策」組成的，因此，如果能夠掌控決策品質，你就能擁有更好的人生。

那麼要如何做對決策，掌控人生賽局呢？必須先從認知開始，認知到一切事物運作的原則，再順勢而為，也能逆勢操作。

只是，要怎麼了解萬物運作的方式？我們的時間有限，能學的也有限，這也造就我們思考的局限。

不過，凡事只要透過方法、策略、布局，都有機會敗中求勝、扭轉乾坤、化險為夷。所以，我們要學習賽局理論，並且在各種技巧與思考迴路中，把我們觀察到的現象，重新透析、轉化，推向我們想要的結果，或者是趨近它。

我特別喜歡本書作者在解讀賽局理論時所提到「Player」的概念，洞察局勢，詳加思考每個動作的動機、意義與結果。在你的世界裡，你就是不被掌控的玩家。

推薦文

享受賽局帶來的樂趣

姚詩豪／「大人學」共同創辦人

我的本業是管理顧問與企業講師，站在我個人的視角，能把知識學得廣、學得深的專家，往往不乏其人。但在日常生活中最稀有的「高手」，反倒是能把這些知識，用外行人能理解的話說清楚，講明白，甚至還能引發大眾進行深度思考，這就相當不簡單了。

萬維鋼先生就是這樣一位難得的「高手」。我在大陸的「得到」平臺上訂閱了不少內容，其中萬先生的專欄讓我投入最多時間，做了最多筆記，也獲得最多啟發。

就拿這本書的主題「賽局理論」來說吧！如果你跟我一樣是對「賽局」有興趣的讀者，你一定知道市面上相關書籍汗牛充棟，其中好書很多，但「好看」

的書卻極少。「賽局理論」聽起來似乎與策略、決策有關，應該是有趣的，但許多書一翻開，卻是滿滿的算式、矩陣與邏輯演繹，讓我們這些外行的讀者，在心生佩服之餘，也只能恭敬地把書束之高閣。

我會推薦這本《高手賽局》，正是因為它承襲了萬先生一貫的寫作風格，用大量平實簡單的論述，以及各種生動有趣的故事與案例來介紹這門艱深的理論。除了讓我們享受知識帶來的樂趣，也增添了在日常生活中實踐的可能。

過往我的客戶與學生，問我有沒有賽局理論的書籍值得推薦，我往往回答得很心虛，因為我知道不管推薦哪一本，對方應該都無法看完。但我現在很高興，終於有這樣一本書可以大力推薦了。

推薦文

一本簡單卻又不簡單的書

洪瀞／成功大學副教授、《自己的力學》作者

你是否聽聞過賽局理論、零和遊戲、納許均衡、柏拉圖效率（Pareto Optimality）、優勢策略（Dominant Strategy）？不論嫻熟與否，我都真誠建議你認識這些理論，要是能舉一反三就更好了。

這些理論能廣為流傳，甚至擁有「二十世紀經濟學最偉大成果之一」的美名，屬實至名歸。當前，它們也早已昇華為工具，能協助我們覺察自我的需求，認清自己擁有或害怕失去的事物，還有對手的情況，進而燃起「追尋更好」的動力。

問題來了，如果這些理論這麼好，那為什麼人們很少使用呢？可能的原因是這些理論並不好掌握。然而，當我讀過萬維鋼的《高手賽局》後，我發現這些理

論其實相當好理解，書裡引用的文化典故與範例多是立基於文獻蒐集與分析，讓我們單單透過閱讀就得以吸收那些需經由反芻才能形成的精華概念。活用這些厲害的理論，甚至能改變我們面對各類「與人有關」的難題與現象時的思維。

有趣的是，這本書還包含了作者與讀者間的問答，這些對話也讓高深理論變得相當有趣和生活化，像是聽了許多有趣的故事，而不是咀嚼一本艱澀的書。

近幾年，我想你或許聽過「無動力世代」這個詞，指的是缺乏學習動機，對工作或自我成長麻木無感的人們。太多人習慣用局外人的角度來評估各類訊號，然而你大可將自己設定為局內人，接著用客觀的角度去探究每個環節。不論是社會層面的宏觀議題，又或者是你我周遭的微觀故事，只要掌握洞察的習慣並理解相關技巧，基本上就具備了穩定的實力，能在各種局面領略出不一樣的可能性，從中營造出雙贏的契機。

若遇到較缺乏動力的人們，你或許也能為他們開出一帖良藥，給予適當的協助。

誠摯推薦你閱讀這本好書，並從中學習掌握屬於你的各類精彩賽局。

推薦文

徹底洞悉賽局，從玩家到贏家！

楊斯棓／醫師、《人生路引》作者

多年前A醫師在醫學中心升上主治醫師，繼續歷練幾年後，回到老家鬧街開設診所。籌備期間，他拜訪了幾位資深醫師，有一位經常代表眾人跟衛生單位交涉的前輩提醒他：「不管你醫術多好，一天不要看超過多少人。不要去衝那個量。」

當時他躊躇滿志，自忖天下無不治之病，聞此「提醒」，忿忿不平。

我得知後，也義憤填膺。倘若A醫師醫術過人，門庭若市，為何不能多看幾個病人。多看幾個病人，得罪了誰？

沒錯！答案恰恰就是「得罪了誰」。

差不多同一個時段，B醫師也選擇開業。也許考量租金便宜，他揀了一個較不熱鬧的地點開業。據聞他醫術高，也在醫學中心歷練良久，過了一年卻草草收場，識者莫不覺得可惜。

有一位傳統產業的董事長夫人聽了B的故事後評論：「如果B去X、Y、Z這三條街上開業，一定做得下去！」

我不明所以。她啜了口茶，慢慢解釋。

她說X、Y、Z是那個鄉鎮最熱鬧的三條街，在地人戲稱「診所街」。她說「診所街」上所有不耐等的病人都會跑出來東晃西晃，看到有間窗明几淨、設備新穎的新診所，掛完號不用等就可以準備跟醫生說病情。靠著醫術、開業術跟「先生緣」慢慢讓患者對診所有印象，下次病人就診首選就是這裡了。

這聽起來有幾分道理，但有沒有學理支持，當時我也不確定。而萬維鋼之所以厲害，就在於他可以用大多數人聽得懂的話，用賽局理論來拆解類似上述兩例。

A醫師遇到的狀況，可以用賽局理論的納許均衡來解釋。

納許均衡指的是：「沒有任何一方願意單方面改變自己的策略。」此例的策略便是「不衝量」，當大家都不衝量，大家都可以拿到一塊餅。如果有人衝量，其他人的餅都會變得稍微小塊些，如果有人的量衝得特別高，其他人的餅就更小塊了，若沒有仲裁者去約束衝量者，可能有人就會涉險採取不理性的舉動，諸如耳語、放黑函，甚至用更不入流的手段互相傷害。

萬維鋼解釋：「如果某種現象能夠在社會中長期穩定地存在，它對參與的各方來說必定是個納許均衡。」

沒有人願意衝量，就是一個納許均衡。萬維鋼的詮釋是：「好的合作，一定是個納許均衡。」

萬維鋼也說：「有時候，一個賽局中會有好幾個納許均衡。」A醫師所處鄉鎮，大家的掛號費講好都一樣，這也是一個納許均衡。有老醫師偷偷降掛號費（當作攬客誘因），馬上就會被傳開來，仲裁者就會致電關心，請他不要破壞這個穩定的局面。

接著談B醫師。如果他讀過萬維鋼的書，換上一個「賽局腦」，他絕對不會挑不熱鬧的點來開業。這一步踏錯，收場機率大增。

如果早年去一個沒有任何診所的鄉鎮開業，或許還能成功經營，因為那是患者就診唯一選擇。但一個已經興旺的城鎮，有幾條已經發展起來、熱熱鬧鬧的診所街，如果想開業並順利存活，最好在這幾條街當中選一個店面承租。這些道理，萬維鋼在〈群鴉的盛宴〉一文，圖文並茂，仔細剖析。

萬維綱還勉人要當一個賽局中的Player，在遵守文明世界的遊戲規則下，積極主動地採取對自己最有利的行動。

這次舉世遭逢新冠肺炎肆虐，一個國家要擊潰疫情，關鍵是疫苗，不是口罩，也不是封城。哪個國家想早日恢復平靜，就得在搶購疫苗的賽局當中成為贏家。

以色列是個聰明的玩家，所以他成為二〇二一年第一個打敗疫情的贏家。

第一，他知道他想要早一點獲得足量疫苗。

第二，他得付出金錢，比別人貴一些的價格他也能接受。

第三，他的對手付得起錢，也知道他付得起錢。

以色列人口少，疫苗需求量不算高，這是他的劣勢，他必須有其他招數才能從眾買家中脫穎而出，他加碼告訴輝瑞藥廠：「只要給我們充足疫苗，我們就會以前所未有的速度接種，並分享大規模醫療接種數據。」輝瑞聽了當然點頭如搗蒜。

五月二十三日那天，以色列超過六成人口打完第一劑輝瑞疫苗（五六．五％打完兩劑），衛生部宣布終止境內所有防疫措施。

細讀本書，想想臺灣，我們跟以色列這個厲害的玩家致敬。時光若倒流，我們可以在哪些時間點發揮自家哪些優勢，知其白，守其黑，在這場賽局裡提早勝出？

推薦文

讓人愛上賽局理論的一本入門書

愛瑞克／知識交流平臺TMBA共同創辦人

賽局理論是個體經濟學中相當重要的一環，也是我大學時代修習個體經濟學時最感到新鮮有趣的幾堂課。我心想：「哇！太酷了，竟然可以將我們生活中遇到的許多情境，用經濟學模型來解析。」有如金庸名著《笑傲江湖》裡頭的一句名言：「只要有人的地方就有恩怨，有恩怨就會有江湖，人就是江湖。」賽局理論可以用來解析人際之間多種互動模式，只要有兩個或以上的人存在相互競爭或合作的關係，就存在賽局。

可惜的是，許多人對賽局理論的認識仍不足，作者在此書援引美國《高速企業》（*Fast Company*）雜誌評論指出：「一項針對企業家的調查顯示，他們在過去五年都未曾使用賽局理論做出過商業決策。這個結果讓賽局理論愛好者火冒三丈，但是我們必須承認，賽局理論好像就是不太好用。」

怎麼會這樣？該不會是經濟學家自我感覺良好，在象牙塔裡玩著自娛的益智遊戲？當然不是！我認同萬維鋼老師所說：「並不是賽局理論沒用，而是人們對賽局理論的用法有誤解。」

事實上，在我學會賽局理論至今的二十多年歲月裡，發覺社會上大大小小議題，都可以視為某種形式的賽局，而且多為「無限賽局」（或回合總數未知的賽局）、「動態賽局」（前提條件並非固定，而是隨著過程有所改變），或參與者並非純理性的賽局（也未必是純不理性，而是有時理性，有時不理性），使得實際發展未必符合簡易模型的推導結果。

好比股票投資，我們可以根據技術分析、籌碼分析或財報分析來進行投資決策判斷，然而就算我們的分析極端嚴謹，股價實際走勢也未必會符合我們的判斷。然而，是否因為如此就不做事前分析了呢？我認為，理解這些分析的原理原則，熟悉在什麼情境之下會產生哪些「高機率結果」是有用的，可使我們不慌不亂，置身於高度不確定的市場中也能夠保持內心平穩安定，是一股支撐力量。

同理，熟悉賽局理論未必能夠幫我們對周遭所發生的大小事做出完美的預測，但愈是知道這些原理原則，我們愈能夠對於事情的發展及結局了然於心。例如，有時他人的決定並非因為是「壞人」所以做出這些決定，而純粹只是「理性之人」罷了（多數的經濟模型，包括賽局理論，皆以「理性之人」為基本假設）。

此書探討層面很廣，舉凡人們生活中會遇到的，如談戀愛、結婚、練身體、網購、買咖啡……小從街頭攤販，大至跨國企業的經營決策，甚至國際政治或軍事決斷，幾乎都可用賽局理論來解析。萬維鋼老師博古通今的知識令人欽佩，為賽局理論旁徵博引、畫龍點睛，大幅提高了此書的吸引力以及可讀性。相信對於經濟學領域陌生，或過去認為賽局理論艱澀難懂的讀者，也能夠很流暢地欣賞此書，甚至可能是讓人愛上經濟學的一塊敲門磚！

高手賽局

「精英日課」人氣作家，
教你拆解、翻轉、主導局勢，成為掌握決策的贏家

總序

寫給天下通才

感謝你拿起這本書，我希望你是個「通才」。我對你有個特別大的設想。

我設想，如果你不滿足於僅僅靠某一項專業技能謀生，不想做個「工具人」；如果你想做一個能掌控自己命運、自由的人，一個博弈者，一個決策者；如果你想要對世界負點責任，要做一個給自己和別人拿主意的「士」，我希望能幫助你。

怎麼成為這樣的人？一般的建議是讀古代經典。古代經典的本質是寫給貴族的書，像中國的「六藝」、古羅馬的「七藝」，說的都是自由技藝，都是塑造完整的人，不像現在標準化的教育都是為了訓練「有用的人才」。經典是應該讀，但那遠遠不夠。

今天的世界比經典時代要複雜得多，今天學者們的思想比古代經典要先進得多。現在我們有很成熟的資訊和決策分析方法，古人連機率都不懂。賽局理論都已經如此發達了，你不能還捧著一本《孫子兵法》就認為可以橫掃一切權謀。我主張你讀新書，學新思想。經典最厲害的時代，是它們還是新書的時代。

就我所知而言，我認為你至少應該擁有這些見識——對我們這個世界的基本認識，包含科學家對宇宙和大自然的最新理解；對「人」的基本認識，例如科學化地使用大腦，控制情緒；社會是怎麼運行的，好比個人與個人、利益集團與利益集團之間如何互動。你還要能理解複雜事物，而不僅僅是執行演算法和走流程，以及一定的抽象思維和邏輯運算能力，掌握多個思維模型，遇到新舊難題都有辦法，一套高段的價值觀……

這代表——你需要成為一個「通才」。普通人才不需要了解這些，埋頭把自己的工作做好就行，但你不想當普通人才。君子不器，勞心者治人，君子之道鮮矣。你得把頭腦變複雜，你得什麼都懂才好。你不能指望讀一、兩本書就變成通才，你得讀很多書，做很多事，有很多領悟才行。

我能幫助你的，是這一本本的小書。我是一個科學作家，在「得到」App寫一個叫作「精英日課」的專欄。這個專欄專門追蹤新思想。有時候我隨時看到有意思的新書、有意思的思想，就寫幾期內容；有時候我做大量調查研究，寫成一個專題。這些書脫胎於專欄，內容經過了十萬名以上讀者的淬煉，書中還有讀者和我的問答互動。

之前我們已先出版《高手思維》、《高手學習》等書，現在出的是《高手賽局》。未來還有各種知識專題，都在研發之中。

通才並不是對什麼東西都略知一二的人，不是只知道各個門派的趣聞軼事的人，而是能綜合運用各個門派武功心法的人。這些書並不是某項學科知識的「簡易讀本」，我的目的不是讓你簡單知道，而是讓你領會其中的門道。當然你作為非專業人士，不可能去求解愛因斯坦（Albert Einstein）的重力場方程式，但是你至少能領略到相對論純正的美，而不是卡通化、兒童化的東西。

這些書不是長篇小說，但我仍然希望你能因為體會到其中某個思想，或與某位英雄人物共鳴，而產生驚心動魄的感覺。

我們幸運地生活在科技和思想高度發達的現代世界，能輕易接觸到第一流的智慧，我們擁有比古人好得多的學習條件。這一代人應該出很多了不起的人物才對，如果你是其中一員，那是我最大的榮幸。

萬維鋼

二〇二〇年五月七日

目次

第 1 章

賽局理論不是「三十六計」

賽局理論的實際應用，

並不是解答數學謎題，

而是幫助我們理解長期存在的各種現象。

任何一本探討賽局理論的書都會先告訴你，賽局理論有多重要。不過，我想我們應該先面對現實——賽局理論是個奇怪的話題。

我們經常在各類媒體上看到「賽局」這個詞，每個商學院都要為企業管理碩士班開設賽局理論課程，甚至探討賽局理論的英文版大眾書籍幾乎都有中文版。但是人們很少真正使用賽局理論，我們也不太聽到有人說：某件事若根據賽局理論的觀點而言，應該怎麼辦。

美國《高速企業》（*Fast Company*）雜誌曾經發表一篇文章，[1]雖然專家學者整天談論賽局理論有極大的重要性，可是一項針對企業家的調查顯示，他們在過去五年都未曾使用賽局理論做出商業決策。這個結果讓賽局理論愛好者火冒三丈，但我們必須承認，賽局理論好像就是不太好用。

為什麼會這樣？以我之見，並不是賽局理論沒用，而是人們對賽局理論的用法有誤解。要是想知道賽局理論有什麼用、應該如何運用，我們必須先思考一個顯而易見卻從未被提起的問題：如果賽局理論是講謀略，那比如「三十六計」這樣傳統的計謀與賽局理論會是什麼關係？賽局理論是科學版的「三十六計」嗎？

計謀和戰略

傳統中國文化讓世界人民留下了「中國是個武術之國」的印象，而在我們心目中，中國更是計謀之國，有《三國演義》、《三十六計》和各種兵法，諸葛亮、吳用、劉伯溫等軍師的形象深入人心。但你注意到了嗎？「計謀」好像都是民間在談，它不是嚴肅的學術課題。

戰略，好像很了不起；計謀，好像上不了檯面。這是為什麼呢？

因為計謀不值得被認真對待。《三十六計》裡的計謀，比如瞞天過海、聲東擊西、暗度陳倉、笑裡藏刀、欲擒故縱、偷梁換柱、上屋抽梯、美人計、空城計、反間計等。這些「計」，本質上都是騙術——自己要做A，就讓對手以為自己要做B；不希望對手做C，就吸引對手去做D。《三十六計》某種程度上是一本陰謀詭計之書。

而詭計有三個問題，一個比一個嚴重。

首先，詭計都有巨大的風險。想要詭計成功，不但須嚴密地封鎖資訊，而且得假設對手比較愚蠢。

比如「空城計」。司馬懿率大軍兵臨城下，諸葛亮手裡沒有兵，就故意在城頭撫琴，做出一副胸有成竹的樣子，讓司馬懿以為城內都是精兵強將，然後司馬懿就真的被嚇跑了。我們必須想一想，這可能嗎？一方面，司馬懿作為一名軍事指揮官，帶領一支軍隊去攻打一座城，難道事先對這座城的兵力部署沒有絲毫了解？行軍打仗至關重要的情報系統為何沒有發揮作用？另一方面，城裡這麼多老百姓，諸葛亮一點都不擔心走漏消息嗎？

真實歷史中，諸葛亮並沒有對司馬懿使用過小說中的空城計。使用這個計謀風險太大了。諸葛亮不但要假設自己沒兵的資訊被完全封鎖，也要假設「司馬懿知道諸葛亮是個謹慎的人」，還要進一步假設司馬懿不知道自己料「司馬懿知道諸葛亮是個謹慎的人」，更要假設司馬懿連騷擾試探一下都不敢，就會帶兵撤退。

詭計的第二個問題，是不能長期使用。

騙人一次也許能夠成功，比如有些賣假貨的人為了應付檢查，不會只賣假貨，他們會混合真貨和假貨。這不就是「瞞天過海」嗎？這個手段的確比生硬的欺騙高級，但仍然是欺騙，而欺騙是不能長久的。

雖然《三十六計》中有很多計謀不是騙術，比如圍魏救趙、遠交近攻、借刀殺人、趁火打劫等。可即便是這樣的計謀，也像騙術一樣有個更大的問題，也是第三個問題——它們都是「零和」遊戲。

零和的意思就是「我要是想贏，你就得輸」；我想要得到什麼，你就得失去什麼，我們的得失之和等於零。但在真實世界中，除了戰爭，很少會出現這樣你死我活的局面。商業競爭也好，平時人與人相處也好，一般來說都不是零和遊戲。兩個集團要想長期共存，就必須找到一個能夠雙贏的方法，而不是互相使用計謀。

計謀的故事看多了，容易產生幻覺。

我們看各種演義故事，因為過分相信計謀的作用，實力似乎都不重要了。

動不動就要以弱勝強，要打「聰明仗」，好像以弱勝強是普遍情況，四兩撥千斤是常規操作一樣。

魯迅先生評價《三國演義》，說「狀諸葛之多智而近妖」。小說裡的諸葛亮之所以料敵如神，是被作者塑造出愚蠢的對手而襯托來的。計謀的本質，是一廂情願。

古代中國也許是個計謀大國，但不是戰略強國。綜觀歷史，古代中國對外戰略大抵是失敗的多，成功的少；被意識形態把持的多，頭腦清醒的少。比如北宋和遼國原本因為澶淵之盟長期和平共處，在遼國已經幾乎被漢化，成為宋朝絕佳屏障的局面下，看到金國崛起，大宋居然想對遼國「趁火打劫」，聯金滅遼，結果金滅了遼國，馬上就開始攻打宋。等北宋變成南宋，好不容易與金國和平共處了一段時間，看到蒙古崛起，又對金國來個「趁火打劫」，聯蒙滅金。我相信大宋必定有不少明白人，但是一廂情願的人顯然更多，竟然讓同樣的錯誤犯了兩次！

作為計謀大國，中國有很多想當「國師」的人。而用自媒體人六神磊磊的話說，所謂「國師」，其實都是「師師」❷。

計謀要是太多，愚蠢的人就不夠用了。而賽局理論研究的是理性之人彼此間的賽局。

什麼是理性？

因為現在流行「行為經濟學」，人們愛說「人是不理性的」，導致一些學經濟學的人都不敢理直氣壯地說經濟學假設人是理性的了。但是正規的經濟學必須假設人是理性的，否則所有數學模型、供需關係之類的基本結論就都灰飛煙滅了。

人的確經常表現得不理性，但經濟學中「理性之人」的假設並不算錯。這是因為人在做熟悉的事情、重要的事情、涉及金錢的事情時，通常是相當理性的。❸而這些事情恰恰是經濟學、也是賽局理論的研究對象。賽局理論假設人是理性的，理性的你會做出以下三項表現。

第一，你知道你想要什麼，並且對你想要的東西有明確的排序。

第二，你的行動是在一定的規則當中爭取到你想要的東西。

第三，你知道對手也是這麼想的，而且對手也知道那些規則。

這三項看似簡單，但是我們不得不承認，有些人在有些時候真做不到。比如新聞報導過的「高鐵霸座男」事件，霸占他人座位、不肯起身的事件主角是個博士，如果你問他是個人形象和聲譽重要，還是一個座位重要？他一定會認為形象和聲譽重要，可是在高鐵上那一刻，他的情緒戰勝了理智。

人有時候會被某種情緒劫持，這種不理性的情況並不是賽局理論的研究內容。但如果一個人長期這麼做事，其中可能就有理性的成分。

比如一個熱門話題：我們總認為老年人容易上當受騙，買些不可靠的保健食品。這些老人都是不理性的嗎？不一定。那些推銷保健食品的人賣的並不僅是保健食品，同時也是一種情感服務，可能是將老人認作自己的乾爹乾媽；而老人未必不知道保健食品沒用，但是他們可能認為吃保健食品也沒什麼壞處，花點錢滿足情感需求未嘗不可。

再比如：網路商城、拍賣網站中常有騙局和假貨，為什麼它們能長期存在呢？也許這就是當今網路生態的賽局格局所決定的，這個結果可能是各方的理性選擇。

所以，**如果一種現象長期存在，那就有可能是賽局理論的研究內容——賽局理論稱之為「均衡」**。

賽局理論的用處

因為假設各方充分理性，有時候賽局理論會得出一些非常奇怪的結論。

比如賽局理論中有一道經典題目：老師讓全班同學各想一個數字，誰想的數字最接近全班平均值的三分之二，誰就獲勝。如果我們假定所有同學都足夠聰明，正確答案就應該是「零」。這是因為不管猜測全班的平均值是多少，你都會把它乘以三分之二，而別人也能想到這一點，他們也會把你的數字再乘以三分之二……你們的每一步推理都會讓這個平均值變得愈來愈小。但是事實上，多數大學的學生都不會得出這麼極端的答案來。

絕大多數人都不會推敲到那個程度，不會在生活中進行這種極端的推理。難道賽局理論真的沒用嗎？賽局理論的實際應用，並不是解答這種數學謎題。

賽局理論能幫助我們理解長期存在的各種現象。如果你觀察到社會上有很多不合理的現象，而這些現象還長期存在，賽局理論就會幫助你考察現象背後的賽局規則。

當然，這絕對不是說某些現象就應該長期存在。**賽局理論更重要的作用，是告訴我們如何改變不好的局面**。

造成這些不好局面的，可能是單次賽局，可能是資訊不完全，可能是不可信的許諾。而現在，賽局理論已經能夠提供各種像「懲罰」、「焦點」、「威脅和承諾」之類的工具，幫我們達成更好的局面。

人們用不上賽局理論，是因為缺少識別賽局格局的眼光，以及缺乏改變賽局規則的意識。我希望你能擁有這種眼光和意識。

對個人來說，最基本的一點，是你應該時時刻刻提醒自己要理性。研究賽局理論就像下棋，你要考慮到自己的每個行動都是有後果的，要事先想好對方會有什麼反應，然後你再怎麼應對，然後對方再反應……一直到最後會是什麼結果。

而我覺得一個更深層的意識是，你應該先做一個「Player」。所謂的Player，在遊戲中叫玩家，在體育比賽中叫選手，在賽局理論中叫參與者，其實都是同一個意思。賽局理論的英文為「Game Theory」，它說的都是「遊戲」（Game）。有參與遊戲的精神，你就有權在規則範圍內採取對自己最有利的行動，你就是積極主動的，你就會平等對待對手——你既不是一個渾渾噩噩、整天根據別人設定做事的人，也不會有整個世界繞著自己轉的幻覺。

Q 讀者提問：

賽局就像「道」，像戰略。那普通人需要知道如何應用嗎？還是停留在了解的層面上，知道這個世界的運行規律就可以了？

A 萬維鋼：

首先，賽局理論是「術」，它有很多具體的操作方法，也就是「How」。現在更有一個叫作「應用賽局理論」的子學科，專門研究各種複雜的具體操作。

普通人的確沒有很多機會使用這些手段。就算是一個研究賽局理論的經濟學家，也未必經常使用賽局理論。這是因為日常生活中，人們做的大部分事情都是按部就班，該學習就學習，該工作便工作，正經決策的機會很少，更不用說與誰對抗了。有時候講賽局理論不得不用家人舉例，背後尷尬的事實是除了家人，我們也擺弄不了別人……

從這個意義上來看，賽局理論對於普通人而言確實更像是「道」，提供的是「Why」。它能讓我們理解真實的世界，不至於對看似不合理的現象悲觀失望或憤世嫉俗。

與其他學問一樣，我認為賽局理論的一個重大好處是能陶冶情操，你的氣質會得到提升，你會是一個更清醒的人；當一般圍觀群眾對身邊的大事長吁短嘆的時候，你能觀察到其中的賽局格局；就算沒有機會插手，你至少知道這件事的關鍵在哪裡，你至少不會有不切實際的幻想。

賽局理論還能讓你更積極主動。這項理論的精神絕不是冷眼旁觀，而是要做一個參與者，要敢於為了得到自己想要的東西而採取主動的行動。我曾經看過一項研究，表示女性之所以薪資低，有一部分原因是女性多數不像男性那樣主動向老闆談加薪。所以，學習賽局理論的第一個應用就是要敢談。當然，具體使用什麼賽局手段去談，那是另一回事，甚至還可能會用錯手段；但這沒關係，敢談是最關鍵的。

第 2 章

群鴉的盛宴

賽局理論告訴我們，

只有穩定的局面才能長久存在。

賽局理論是關於「人在社會中如何做理性決策」的理論，而理性決策常常不是我們喜歡的決策。宋神宗有句話叫「快意事便做不得一件」，說的就是理性決策總是不得已。在現有的規則之下，考慮到對手的反應，你通常沒有太多選擇。

面對世間種種無奈，文人總愛感慨人心不行，或者文化不行。學習賽局理論之後你會發現，很多事情呈現出來的面貌是這樣，並不是因為有人喜歡這樣，也不是思想品德的問題。現實是——哪怕所有人都不喜歡這個局面，所有人卻都只能維護這個局面。

有時人們感覺自己身處無間地獄：每個人都在受苦，誰都沒辦法脫離苦海。只有賽局理論能解釋這樣的現象。套用電影《無間道3》中沈澄（陳道明飾）說過的一句話：「往往都是事情改變人，人改變不了事情。」意思就是「往往是賽局改變人」。

但我們學習賽局理論的終極目的，就是要改變賽局。這一章，我們談談賽局理論的三個基本概念：「柏拉圖效率」（Pareto Optimality）、「優勢策略」

（Dominant Strategy）和「納許均衡」（Nash Equilibrium）。**了解賽局，才能改變賽局。**

為什麼商店總要聚集在一起？

你是否注意到這樣的現象：偏遠一點的地方什麼都沒有，熱門地段卻總有很多類似的店，一個十字路口竟然會有兩家加油站；新聞媒體也是這樣，一有什麼重大事件或者熱門話題，打開電視，所有頻道都是這個內容。站在消費者的角度，我們希望買東西不用跑去熱門地段，在偏遠一點的地方也可以買到；我們希望加油站更分散一點，讓所有人都能就近使用。我們希望產品有更多的差異化。可為什麼商店非得湊在一起呢？

這並不是因為商家都盲從，或只知道互相模仿，而是他們不得不這樣。賽局理論要求你必須考慮競爭對手會怎麼做。

我們把問題簡化一下：[4]設想有一片比較長的海灘，你要在海灘上擺攤賣

圖 2-1

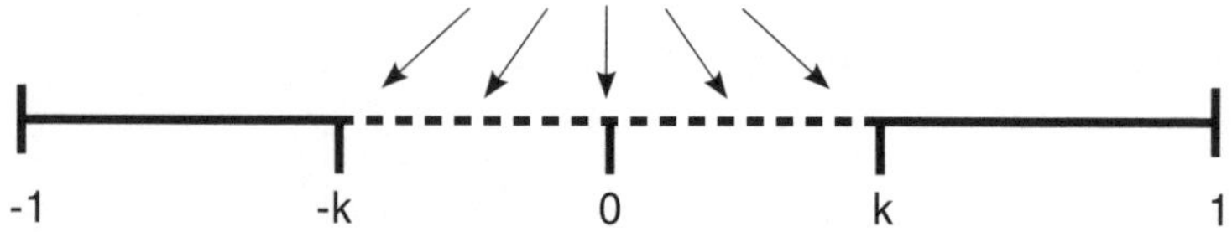

如果 S_1 等於 k，那麼設置 S_2 的最好位置是虛線區域的任何地方。

冰淇淋。把攤擺在哪裡最合適呢？

如果整片海灘只有你這一個冰淇淋攤，那你擺在哪裡都可以。但是考慮到將來可能會出現競爭對手，你就應該把冰淇淋攤擺在中間。這是因為如果你擺的位置偏右或偏左，對手來了，只要往中間區域一擺，他輻射的勢力範圍就絕對大於你。

如果你的位置 S_1 在k，競爭對手在-k和k之間任選一點 S_2 擺攤，生意都會比你好。（如圖2-1）

現在，假設作為先來者的你已經把攤位擺在中間，那麼新來的競爭者應該把冰淇淋攤擺哪呢？如果他靠右擺，的確能夠獨占從攤位往右的市場，但也等同於把往左超過一半的海灘都拱手讓給你了。所以，他也只能把攤位放在中間，只有這樣才能與你公平競爭。

這就是商店要聚集在一起的原因。可是若回到假

圖 2-2

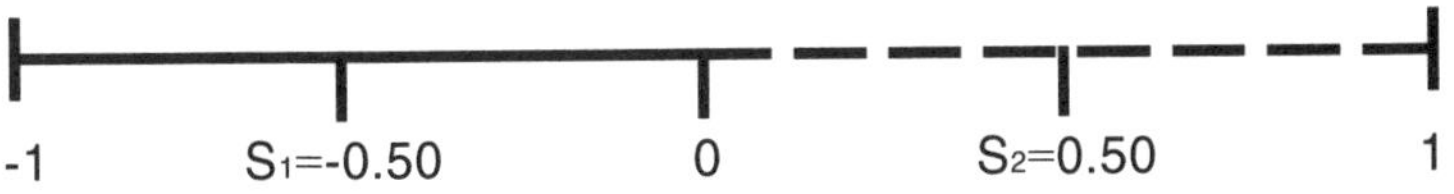

兩攤若是先商量好，可能會採取對這片海灘上的消費者最優的策略。

設，兩個冰淇淋攤事先商量好分散，以海灘中間為分界，在右側的中間與左側的中間這兩個位置分別擺攤，這樣一來，兩家不僅能平等賺錢，還能確保消費者買冰淇淋的走動距離最短。多好啊！（如圖2-2）

這樣的改善方式可以稱得上是「柏拉圖改善」（Pareto Improvement）。維爾弗雷多．柏拉圖（Vilfredo Pareto）是一位義大利經濟學家，這項改善的意思是：在不傷害任何人的利益的同時，能使至少一個人的境遇變得更好。如果一個局面已經好到沒有柏拉圖改善的餘地了，這個局面就叫柏拉圖效率。

一個理想、令人快意的世界應該是符合柏拉圖效率。商店聚集顯然不符合柏拉圖效率，分散才是柏拉圖效率。那為什麼賽局的結果不符合柏拉圖效率的呢？

因為在這場賽局中，柏拉圖效率是個不穩定的局面。就算一開始兩個攤主商量好分散擺攤，將來也會有一方偷偷轉移到中間去。他這麼做確實不符合柏拉圖改善，因為會傷害對手和消費者的利益；但是這麼做對他自己很有利。

理想青年喜歡柏拉圖效率，但是賽局理論告訴我們，只有穩定的局面才能長久存在。

囚徒困境

你可能已經非常熟悉「囚徒困境」的故事了，但從這個故事中能得出特別重要的概念，值得我們再重新理解一遍。

有兩個小偷被員警抓住了，但是員警手裡並沒有足夠的證據，只能指望口供。員警開出的條件是，如果兩個人都招供，兩人都判刑三年；如果有一個人招供，另一個人不招供，那麼招供的人就算立功，可以無罪釋放，而不招供的人就要被嚴懲，判刑五年；如果兩個人都不招供，因為證據有限，兩個人都判刑一年。員警進行單獨審訊，不准兩人串供。

我們將正義和邪惡的觀念放在一邊，先用賽局策略幫這兩個囚徒分析目前的處境。首先我們要把不同策略和結果畫在表格中。這種矩陣畫法是美國經濟學家湯瑪斯．謝林（Thomas Schelling）發明的，謝林曾經開玩笑說發明矩陣是他對賽局理論所做的最大貢獻。（如表2-1）

表 2-1

	囚徒 B 招供	囚徒 B 不招供
囚徒 A 招供	-3，-3	0，-5
囚徒 A 不招供	-5，0	-1，-1

矩陣向我們展示了兩個囚徒可能採取的策略，以及各種策略組合帶給兩個人的回報。你一眼就能看出來，最好的結果是兩個人都不招供，然後都被判一年。

但是賽局理論要求我們每次做判斷都要考慮對方——不是對於對方怎麼樣比較好，而是**考慮對方會怎麼做，然後你應該怎麼應對**。對囚徒A來說，如果對方招供了，他就只能招供，因為不招供會被判刑五年，招供則被判刑三年。可是如果對方不招供，他還是應該招供，因為他招供就是立功，可以被無罪釋放。也就是說，不管對方是招供還是不招供，囚徒A最好的策略都是招供。

這就引出了我們要說的第二個概念——優勢策略。這個策略壓倒了其他一切策略，不管對手怎麼做，這個策略對你來說都是最好的。

反過來說，不招供，對囚徒A來說則形同於一個「劣勢策略」（Dominated Strategy）。不管別人怎麼做，你這麼做，對你就是不好。

作為理性的人，如果賽局中有優勢策略，就一定要選它。任何情況下都不要選擇劣勢策略。

囚徒A的優勢策略是招供，囚徒B當然也是如此。結果就是兩個人都被判刑三年。這個結果可不是柏拉圖效率，但這個結果是穩定的，任何一方都不會單方面改變策略。這又引出了一項重要的概念——納許均衡。

這裡的「納許」就是電影《美麗心靈》（*A Beautiful Mind*）中男主角的原型，數學家約翰·納許（John Nash）。納許均衡指的就是這樣一種局面：在這個策略組合裡，沒有任何一方願意單方面改變自己的策略。

換句話說，不管我們喜不喜歡，我們都認了這個局面。關鍵字是「單方面」，意思是如果我們都不招供會更好，可是要變必須一起變，我自己不可能先變。因為人人都不願意先變，這個局面就變不了了。商家聚集在一起擺攤就是一個納許均衡。

諾貝爾經濟學獎得主羅傑・梅爾森（Roger Myerson）表示，納許均衡對經濟學的意義，就如同發現DNA雙螺旋結構對生物學的意義那麼重大。我認為梅爾森之所以這麼說，是因為納許均衡給予我們一種觀察世界的眼光。

如果某種現象能夠在社會中長期穩定地存在，它對參與的各方來說必定是個納許均衡。納許均衡告訴我們：**評價一個局面不能光看它是否對整體最好，它還得讓每個參與者都不願意單方面改變才行。**

理想青年喜歡柏拉圖效率，理性青年尋找納許均衡。

當你要與人簽訂協議，如果你希望這個協議能被各方遵守，那它就必須是個納許均衡。一種制度哪怕再好，如果不是納許均衡，就不會被遵守；一種制度哪怕再不好，如果是納許均衡就會長久存在。

秦朝人的遊戲

《冰與火之歌：權力遊戲》（*Game of Thrones*）這部影集使我想起了湯瑪斯·霍布斯（Thomas Hobbes）的《利維坦》（*Leviathan*）。在影集裡，鐵王座上一旦沒了強力人物，維斯特洛大陸就陷入「所有人對所有人」的戰爭。現實中不也是這樣嗎？伊拉克和敘利亞由獨裁者統治時還未聞戰事，沒了獨裁者的高壓統治，各方勢力立即開始互相殘殺，老百姓進入想做奴隸而不得的時代。

《利維坦》中的「戰爭」和「高壓統治」這兩個局面，都是納許均衡。

現在很多愛好自由的人嚮往中國古代的戰國時期，那時候百家爭鳴、人人爭先。可是戰國時期的人大概不喜歡戰國，因為那其實是個互相殘殺的時代。

我們想想當時的局面。如果鄰國都在厲兵秣馬，難道你真能像孟子說的那樣，用王道去感化別人嗎？你的優勢策略也是備戰，甚至有時候還應該先下手為強，主動發起戰爭。你單方面地改變策略是不可行的，這是納許均衡。

而戰國時期互相殘殺局面的終結，不是靠誰改變策略，而是靠秦國把策略用到極致——以最高水準的暴力完成。秦國實現大一統後，遊戲規則就變了，專制強權的策略是：臣服於我者都可以安居樂業，反對則會遭到堅決打擊。

這時，被統治者就面臨一種多人的囚徒困境，也叫「人質困境」❺。如果大家聯合起來就一定能推翻統治者，問題是由誰帶頭？強權會棒打出頭鳥，誰帶頭誰先死。沒有人願意單方面採取行動，這又是一個納許均衡。

我們現在回想，秦朝後來之所以失敗，可能不是因為法律太嚴苛，而是對自己的統治力過分樂觀。賽局理論告訴我們：專制強權的主要威脅來自內部。秦朝把軍隊主力都部署到了外面，來不及打擊內部的起義軍；後世的統治者顯然吸取了秦的教訓，武裝力量的重點都是對內。

理想青年一邊讚美百家爭鳴，一邊感嘆背叛和殺戮；而理性的你知道此局無關文明與民主，只是一場權力遊戲。

不知道這會否讓你感到有點悲觀，因為柏拉圖效率常常不是納許均衡。而既然有囚徒困境這樣的局面存在，是不是非得有個強權來解決問題？不一定。

再拿商店聚集、媒體湊熱鬧現象來說，以前主流媒體的內容的確同質化嚴重，但是後來有了網路，我們能看到各種滿足細分需求的自媒體，就相當於有人願意在海灘的邊緣擺攤。這是為什麼？因為市場的門檻變低了，小成本也可以經營，沒有必要搶主流市場，也就是遊戲規則改變了。

如果你想更系統地學習賽局理論，張維迎的《博弈與社會》是本很好的教材，他對在市場中自發協調、破解賽局理論困境的觀點非常樂觀。

問與答

Q 讀者提問：

阿維納什·迪克西特（Avinash Dixit）所寫的另一本著作《策略的賽局》（Games of Strategy）和其他探討賽局理論的書有很大不同，此書的關注點在於如何運用和講解實際事件中的賽局，但是很難讀懂，特別是裡面的習題很難。

面對這類書籍，有什麼解讀高招？

A 萬維鋼：賽局理論的教材比起賽局理論通俗讀物的難度要高很多，但這主要是在數學，而不是在思想上。比如教科書裡的賽局理論例子和習題會包括繁複的策略矩陣，學生得從中發現優勢策略、劣勢策略，找到所有的納許均衡和柏拉圖效率策略組合。嚴格地說，對重複賽局，要精確計算未來的收益情況，才能對合作還是背叛採取準確的判斷。科學決策要求量化。

不過在我看來，那種數學並不是更抽象或更高級，只是繁雜而已。解了一道賽局理論數學題，你要是站在高處再問一句：這道目題到底說明了什麼道理呢？結果還是通俗讀物裡說的那些思想。

所以千萬不要被教材裡那些數學嚇到，更不要被那些數學所困。在物理和金融這些學科裡，有很多思想必須用數學才能說明白，但我認為賽局理論不是這樣。數學是賽局理論的輔助工具，賽局理論的思想並不展現在數學中。學習賽局理論，寧可有思想沒數學，也不要有數學沒思想。

從實用角度來說，把精力用來多琢磨幾個具體的應用案例可能更有價值。愛因斯坦曾道：「我想知道上帝如何創造這個世界。對於這個或那個現象、這個或那個元素的譜表組成，我不感興趣。我想知道的是他的思想，其他都是細節問題。」

Q **讀者提問：**

納許均衡是否為「所有人都採取了自己的優勢策略」？

A **萬維鋼：**

如果所有人都採取優勢策略，結果將是一個納許均衡。但納許均衡並不一定要求所有人都採取優勢策略。所謂優勢策略，是不管別人怎麼做，我都這麼做，也並不是每個賽局裡都有優勢策略。很多情況下，你的策略只能根據對手的策略變化。

納許均衡的意思是說，如果各方選擇了這組決策組合，那麼各方將會被「鎖定」在這裡，沒有任何一方會願意單方面改變自己的策略。在納許均衡當中，我選擇了某個策略，是因為給定其他人的策略，這個策略對我來說是最好的，但這個策略並不一定是任何情況下都對我最好的那個優勢策略。有時候，一個賽局中會有好幾個納許均衡。

Q **讀者提問：**

面對大考的壓力，每個家長都不遺餘力地讓自己的孩子補習，唯恐孩子輸在起跑線上。這也是納許均衡嗎？父母不願自己的孩子從小就失去快樂的童年，卻不得不讓孩子學習更多技能。如何破解這種局面？

A **萬維鋼：**

為了考試而補習這件事的確是個納許均衡，而且還是個多人囚徒困境。

如果所有學生都在有限的時間內學習，保證每天有一定的玩耍和休息時間，大學的錄取名額也還是一樣多；當人人都在複習備考上花費更多時間，名額並不會因此增加，所以這個局面絕非柏拉圖效率。另一方面，如果別人都在複習，你不複習就會吃虧，你不可能單方面改變這個局面。

對於大考軍備競賽這個賽局來說，可能有效的辦法大約有三個。

第一個辦法是協調，也就是簽訂停火協定。這個辦法不是很成功。

比如要求公立學校到幾點必須放學，同時降低了教學難度，號稱要減輕考試壓力。可是大考本質上是個零和賽局，最終不還是要競爭？難道考大學也實行就近入學嗎？學校減輕考試壓力，等於逼著家長為孩子報名課後補習班。

韓國的大考大概是全世界最公平的，只看分數，沒有任何額外條件，也沒有依地區調整。公立學校沒有規範學習時間與難易度，韓國的高中生還是每晚去補習班。我聽說韓國政府規定補習班必須在晚上十點前結束，還實施了舉報制度。熱心市民會像抓特務一樣盯著各個補習班，看看是不是準時放學。

而這些辦法都架不住孩子回家之後自己還要學習。我聽說過唯一可能有效的措施是非常極端的：美國某個大學的某班，在一次期末考試之前，同學們約定大家都不要過度學習，但他們有個監督辦法——幾個同學組成巡邏隊，挨個監督其他同學，不許複習。

第二個辦法是改變賽局規則。

美國名校的錄取制度，並不只看考試成績，還要考察學生平時的表現，特別是課外活動方面。這就使得死讀書、只鑽研考試的意義不大了，逼著各個學生進行素養教育。但這個方法的弊端是它對家庭條件好的學生最有利。因此，美國大學還會對黑人等少數族裔加分錄取，造成這個規定的弊端是它有失公平。但無論如何，有些人就是有能量和辦法促成對自己有利的規則。

第三個辦法是改變賽局的報償。

人們願意為了考大學而花費時間和金錢去上補習班，是因為這麼做值得。大學，特別是名校的學歷很值錢，但是如果社會更加多元化，提供年輕人各種機會，比如技職教育、文藝、體育、創業等，人們發現不需要上大學也能過上很好的生活，那麼自然就不會有這麼多人受罪了。還有提供終身學習服務的平臺，比如得到App，在一個終身學習的社會，大學還有那麼重要嗎？

第3章

以和為貴

合作對所有人都有好處，

好的合作，一定是個納許均衡。

賽局理論研究的一般都是「非合作賽局」，參與者並不是要齊心合力辦大事，每個人想的都是怎麼讓自己贏。因此有些人可能會對賽局理論產生誤解——賽局理論是不是都在研究怎麼自私自利、勾心鬥角，這算不算搞破壞呢？不是。因為賽局理論的出發點雖然是非合作的，結果卻可以達成合作。

這也是經濟學的光榮傳統。從亞當・斯密（Adam Smith）開始，人們就已經知道——哪怕每個人都自私，各人只為自己的利益工作，社會卻能達成高水準合作。

那麼囚徒困境、資訊不對稱、市場失靈這些現象，是不是說明「看不見的手」不管用了，必須讓「看得見的手」來強制人們達成合作呢？

這些恰恰是賽局理論的課題。任何一門社會科學的終極目的都應該是要促進社會合作，合作對所有人都有好處，不合作只可能帶來暫時的利益。但是賽局理論研究的合作可不是要進行「思想道德教育」，去勸人行善；也不是讓一個強權去管制人民，而是尋求能讓人自願合作的機制。

好的合作，一定是個納許均衡。

納許均衡是個美麗的概念。它能解釋很多現象，能讓我們迅速破解各種局面，更能為我們設計的賽局機制提供約束條件。上一章，我們把納許均衡講得比較黑暗；這一章，讓我們說點正向的——**其實在很多賽局中，人們原本就想合作**。

焦點

你覺得世界上最完美的法律是什麼？我認為是交通規則，比如「右側通行」。首先，它是最平等的，有錢沒錢、有權沒權的人都要走路，都需要靠右走。其次，它讓每個人都有自覺，會遵守右側通行的規則。當每個人都靠右邊時，如果你非要左側通行，你就會撞到人，會立即傷害到自己。

馬路上會有相向而行的車輛，只要這個地方的法律規定了右側通行，右側通行就一定是個納許均衡，沒有人願意單方面違反這條規定。

但是右側通行的規定可不是透過什麼第一原理（First Principle）推導出來

的，沒有生理學或物理學定律說人應該右側通行，這只是個任意的規定。英國人習慣左側通行，也沒有因此身體不適。左側通行也是一個納許均衡。有些賽局中會存在多個納許均衡。

那麼，如果一個賽局中有多個納許均衡，人們應該如何選擇呢？前文提過發明了矩陣的美國經濟學家湯瑪斯·謝林，他在一九六〇年出版的理論著作《入世賽局》（*The Strategy of Conflict*）中，提出了「可以根據約定俗成選擇」的觀點。

謝林提到一個經典例子：假設我們約定明天要在紐約市見面，可是既沒說時間，也沒說地點，我們怎樣才能如約見面呢？謝林的答案是：考慮那些就算事先不說，人們也能想到的選項，如一天之中最常用的時間是中午十二點，紐約市最常用的地標是中央地鐵站，所以最好的選擇，是中午十二點在中央地鐵站碰面。

這樣的選項，謝林稱之為「焦點」（Focal Point）。焦點就是在眾多可能的納許均衡當中最顯眼的那一個，人們會自動在這一點上達成合作。焦點的作用是協調。

一般情況下，賽局理論老師講到焦點時，都會讓學生當場做個實驗。比如請兩名學生從「七、三十九、四百八十一、一千三百四十二」這四個數字中各自挑選一個，如果兩人選的數字一樣，就能獲得獎勵。應該選哪個呢？

當然是選七。因為七是這四個數字中最常見的一個，而且還排在第一位。從純數學的角度來說，雖然每個數字都是平等的，選哪個都可以是納許均衡，但人總有些約定俗成的偏好，這就是焦點。

生活中的焦點

經得起實踐考驗的概念總是這樣：一旦說破了，你有了這個眼光，就會發現它隨處可見。

有些焦點是設計出來的。比如科技產品的「標準」就是設計出來的。很多公司要賣DVD光碟，很多廠商在生產DVD光碟機，對所有參與者最有利的局面，是為光碟和光碟機設置一個統一標準，讓所有光碟機都能播放所有的光碟。而這個標準具體而言是什麼，其實並不那麼重要；重要的是，必須有個標準。

有些焦點屬於歷史路徑依賴，比如度量衡。歷史上用公制，現在就用公制；歷史上用英制，現在就用英制，很難說哪個系統更科學。再比如鍵盤，可能「QWERTY……」並不是最科學的布局，但是已經成了標準，而且沒有特別不方便，我們乾脆就繼續用下去了。

有了焦點思維，我們就應該在沒有焦點的時候主動地提出一個焦點，促成合作。

你可以先下手為強。如果DVD是你所任職的公司發明的，那你應該這樣做：直接定義DVD的標準，讓別家公司追隨你們。

如果人人都想制定標準，讓政府出面也不算是對人民的壓迫。

比如我認為，政府對高速公路上車輛行駛速度的限制，其實就相當於提供了一個焦點。因為開車並不是愈慢愈安全，如果所有人都開得很快，那麼開得慢的車就是安全隱患，反之亦然。只要大家都用同樣的速度開車，每個速度都是納許均衡。那到底用哪個速度呢？限速標誌就提供了焦點。假設政府規定某一路段限速一百公里，司機對此的理解不是速度最高為一百公里，而是建議一百公里。最終所有人的車速就在九十公里至一百一十公里之間，合作達成。

焦點的最大價值就是它的存在本身。比如明天公司要開一個重要會議，幾點開呢？幾點都行，關鍵是得先有個確定的時間點，讓大家協調。像每週的例會，就應該在固定時間、固定地點進行。

由此說來，傳統文化和社會習俗其實也是焦點起到了協調合作的作用。中國人講究老人要坐在主位，西方講求女士優先，其實這些規範具體來說倒沒有那麼重要，重要的是需要有個規範，有了規範就能省下一大堆麻煩。

焦點能發揮這麼大的作用，還得有一個關鍵前提，那就是各方沒有根本的利益衝突。**我們都希望能促成這次合作，我們需要解決的只是在哪裡合作的問題。遇到這樣的賽局局面，一定要善用焦點。**

談判中的焦點

假如你是一家公司的董事長，你們公司要聘請一位執行長。執行長並不是一種標準化的商品，每家公司、每個人的情況都不一樣，年薪只能一事一議，談判解決。

公司無法科學地計算一個執行長值多少錢，而且你們打算聘請的執行長本人也不知道該要多少錢。那麼將執行長的年薪定為八百萬元還是一千兩百萬元，好像對雙方來說差別都不是很大。雖然談判目標有很大的任意性，但是公司和執行長本人都希望達成合作。這是典型需要焦點的賽局。

這時，你可以告訴你們打算聘請的執行長，一家和你們相似的公司執行長年薪是多少，你還可以援引市場上相似公司執行長的平均年薪，並表示：「我們在這個基礎上，將薪資再提高一點，你看是否可以接受？」這樣的焦點很容易讓雙方達成一致。

親戚分割遺產、夫妻分割財產，約定俗成的辦法是將有爭議的部分平均分配。其實平均分配在很多情況下沒有道理，但是社會約定俗成地認為平分最公平，這就是焦點效應。

中古屋和二手車交易也是這樣，房屋裝修和車輛細節等具體情況對成交價格影響很小，人們都是上網查一查「行情價」是多少。網上價格相對於具體情況具有壓倒性的優勢，這也是焦點效應。

想要合作的人們需要焦點，只要你能找到藉口，任何藉口都可以是焦點。所以如果你能在談判中引用一個案例，說：「最近公司A和公司B談出來的就是這個條件，你看我們是不是也這麼做？」這就是一個強有力的說法。當然對方也可能會找別的藉口，但是追根究柢，我們知道這些藉口其實都是說辭，藉口可以發揮很大作用，根本原因是大家本來就想促成這次合作。

事實上，即便有一定的利益衝突，只要合作的願望大於衝突，我們還是可以使用焦點。再來看以下這個特別高段的分析。

實在不行……抽籤吧

你和妻子打算晚上去看場電影。你想看科幻片《流浪地球》，但你妻子是韓寒的粉絲，她想看《飛馳人生》。這個賽局格局是「你倆雖然存異，但是求同」，你們都要求一起去看電影，是共識大於分歧。

充分認識到這個局面，你的第一個辦法就是先下手為強，把《流浪地球》的票買了再說。對妻子來說，自己一個人去看《飛馳人生》還不如與你一起看《流浪地球》，所以她只能同意。

如果談判的時候你還沒買電影票，你還可以率先宣布堅決不看《飛馳人生》。不過從賽局理論的角度看，你這個威脅其實是不可信的，因為你也想一起看（關於威脅的可信性，我們在〈其身不正，雖令不從〉一文中談）。而你的妻子可能早就看透你了，而且你要是敢不談判就買票，她下次可能會剝奪你買票的權利。

賽局理論專家❻為面對這種情況的人提供了兩個辦法。

其中一個辦法是輪流。這次聽她的，下次聽你的。但是如果這樣的賽局不常發生，那就使用另一個辦法——抽籤吧。

總而言之，如果各方都有強烈的合作意願，而賽局存在多個納許均衡，我們要做的就是找到焦點。焦點可以是生活習慣，可以是歷史傳承，可以是先下手為強，可以是政府規定，也可以是隨便找到的什麼藉口；實在不行，還可以抽籤。

這個道理如此簡單，但它可是直到一九六〇年才被提出來。

當然，現實生活中的很多情況並沒有這麼多正能量，人們會有強烈的利益衝突。我們後面慢慢介紹。

Q **讀者提問：**

焦點與「錨定效應」（Anchoring Effect）有什麼區別？

A **萬維鋼：**

錨定效應是行為經濟學裡愛說的一個非理性效應，它的作用機制是透過某種心理暗示，左右人的行為。

比如丹．艾瑞利（Dan Ariely）在《誰說人是理性的》（*Predictably Irrational*）這本書裡講過一個實驗。讓受試者先回憶自己的出生日期，然後評估一瓶紅酒值多少錢。實驗的結果是那些出生日期數字比較大的人，給紅酒的估價也比較高。其實一個人的生日與紅酒價格沒有關係，但是因為他受到了數字的暗示，就願意估較大的數字。

還有一個例子，是讓受試者透過做填空題思考一些和老年人生活相關的詞彙，結果受試者就像是被暗示自己變老了。他們出了門以後，走路的速度都變慢了。

我對這種研究有兩個評論。第一，這些研究都可能有問題。《誰說人是理性的》一書中的很多實驗，包括出生日期暗示紅酒價格的實驗，後來被人證明是不可重複的；第二，就算這個效應的確存在，它也只是人們面對不熟悉情況時一種倉促的表現，這樣的招數只能用一次。一旦人們熟悉情況，他們就會知道那瓶紅酒本來是多少錢。

而焦點是在雙方都有強烈合作意願的情況下，促成合作的一個方便方法。在談判中提出焦點，與使用錨定效應有點像，畢竟是先下手為強，如果你一開始就說一個較大的數字，對方討價還價也只能從這個數字開始談，談判的結果會對你很有利。

但是，提出焦點的最重要目的是促成合作，而不是占便宜，這是它和錨定效應的根本區別。關鍵在於你們的關係是長期、會重複的，還是臨時、一次性的。錨定效應一方面很可能不起作用，另一方面，就算它偶爾奏效，那下次怎麼辦？

焦點是雙方愈熟悉套路，愈容易達成合作。錨定效應是對方愈不熟悉情況，愈可能有效。

第 4 章

不縱容，但要寬容

想防止背叛，

最直接的辦法就是把單次賽局變成重複賽局。

囚徒困境在生活中十分常見。凡是「合作為兩利，背叛則兩傷」的情況，都可能是囚徒困境。合作對雙方都有好處，而我們是好人，我們總是希望合作。但是賽局理論告訴我們，有時候背叛是理性的。如果一方選擇合作，一方選擇背叛，選擇背叛的那一方可能會獲得最大利益，選擇合作的那一方會受到最大傷害。

接下來的篇章，我們就來研究合作與背叛。

要是想防止背叛，最直接的辦法就是把單次賽局變成重複賽局。為什麼旅遊景點地區所販售的飯菜大都質量普通，價格高？因為那是單次賽局。你不會再來第二次，業主在這一次能騙多少是多少。而像麥當勞這樣的連鎖店，哪怕是開在旅遊景點，也會保證品質，因為它要為整個品牌的聲譽負責。很多商家說自己要做一百年，有些商店實行會員制，這些都是重複賽局。

重複賽局之所以有效，是因為背叛者會受到懲罰。最直接的懲罰就是下次我也背叛你，讓你得不到合作的好處。這一章，我們專門探討懲罰。

美國往事

以前有些陰謀論者認為世界是被某些祕密組織控制的，比如羅斯柴爾德家族、骷髏會、共濟會……其實都是無稽之談。並不是說沒有人想祕密控制世界，而是這個世界實在太大，也太複雜，根本就控制不了，更不要說用祕密的方法控制。

但是，美國歷史上曾經有過一個非常成功的祕密組織。[7]它的成員不但有錢，而且每個人都對組織無比忠誠。組織成員視彼此為親人，有生意通常只對內部的人做，對外甚至根本不透露組織的存在。這個組織十九世紀九〇年代誕生於紐約，二十世紀二〇年代就把勢力範圍擴大到了全美國，而美國社會一直到二十世紀的四〇年代才知道它的存在。

這個組織就是美國的「黑手黨」。

賽局理論專家大衛・麥克亞當斯（David McAdams）曾經在《賽局意識》（*Game-Changer*）[8]這本書中說，一群人要想合作，至少要滿足以下兩個條件之一：第一，合作對自己有好處，人們本來就想合作；第二，不合作會受到懲罰。

美國黑手黨同時滿足以上兩個條件。黑手黨給予好處，黑手黨有紀律。最關鍵的一條紀律就是誰敢出賣組織，他就會被殺死，而且黑手黨會派他的親友去殺他。

如果背叛會受到懲罰，就不是囚徒困境了。賽局理論認為有效的懲罰必須要滿足幾個條件。首先，能發現背叛行為；其次，懲罰必須可信，對方知道一旦背叛必定會受到懲罰；最後，懲罰的力度要是足夠的。

先看兩個不符合有效懲罰的例子。

世界貿易組織就不是一個善於懲罰的組織。如果哪個成員國沒有履行義務，它可能會發起調查。而這個調查會歷時幾個月，甚至幾年。就算最終調查形成了對未履行義務的成員國進行懲罰的結論，也未必能被執行。那麼加入這個組織之後，最佳策略是合作還是不合作呢？

影視作品中，當雙方進行毒品交易，一方拿出一箱毒品，一方拿出一箱錢，本來是個公平交易，為什麼說著說著，突然開始火拼了呢？這是因為背叛的好處大大超過了懲罰的力度。雙方沒有組織關係，所謂的懲罰，無非就是下次不與你做生意，可是這筆交易的金額實在太大，火拼之後贏的一方就可以退休了。為了避免這樣的情況，應該把每次交易的額度降低，讓對方認為不值得背叛。

而在美國黑手黨中，有效懲罰就發揮了極大作用。一九六三年之前，居然沒有一個人敢在法庭上承認黑手黨這個組織的存在。一九七〇年，美國國會通過了保護黑社會汙點證人的法案，依然沒有出現多少指證黑手黨犯罪行為的人。直到一九九一年，因為黑手黨內部矛盾爆發，一位重量級人物叛變，美國反黑才取得了重大突破。

胡蘿蔔加棍子，有好處，有懲罰，這樣的合作關係是非常穩定的。

穩定與脆弱

對於一般組織來說，可沒有黑手黨那麼穩定。列寧（Vladimir Lenin）曾表示「堡壘最容易從內部攻破」，我們看看這句話在賽局理論中怎麼用。

有時候，幾家企業會在市場上聯合起來，組成叫作「卡特爾」（Cartel）的壟斷組織，控制某種產品的產量和價格。這種行為雖然不被政府允許，但是政府很難找到證據來證明這些企業存在此類行為。一九九三年，美國司法部推出一項政策，給第一個承認自己參與卡特爾的企業免除一切罪責。這個政策收到了奇效，很多企業站出來舉報同夥。

同樣是面對舉報免責的條件，為什麼黑手黨就那麼穩定，卡特爾就這麼脆弱呢？一個原因是卡特爾對內部成員沒有特別強而有力的懲罰措施，另一個原因可能和黑手黨本身的特殊性有關。美國黑手黨的成員主要是義大利移民，他們強調用家庭和親緣關係增加互信，而一般的組織沒有這樣的凝聚力。

利益和懲罰只是用作約束的硬條件。如果內部沒有最低限度的信任，合作就是脆弱的。

面對這樣的情況，我們可以學習物理學家的思維。物理學家從來不會只考察一個情景的可實現性，還要考慮它的穩定性。比如牛頓（Isaac Newton）不僅算出地球怎樣繞著太陽轉，他曾經還非常擔心地球公轉軌道的穩定性，假設有個微小的擾動，比如被某個小行星撞擊一下，地球會不會就脫軌了呢？後來數學家拉普拉斯（Pierre-Simon Laplace）證明了行星軌道是穩定的，大家才總算放心。

再比如愛因斯坦為廣義相對論的場方程式增加了一個宇宙學常數，的確得到了一個宇宙的靜態解。但是馬上就有數學家證明，這個靜態解是不穩定的，只要有點擾動，宇宙就會坍縮或者膨脹，人們意識到宇宙不可能是靜態的。

賽局理論裡也有這樣的思維。我們在前文提過，很多柏拉圖效率的局面是不穩定的，所以不可能長久存在。納許均衡之所以如此重要，就因為它是一個穩定的局面。

那麼，在重複賽局中，怎樣的機制才是穩定的呢？

以牙還牙真的好嗎？

二十世紀八〇年代，密西根大學的政治學家羅伯特．艾瑟羅德（Robert

Axelrod）組織了一次賽局競賽。比賽的內容就是囚徒困境，參賽者要設計電腦策略，決定什麼情況下合作，什麼情況下背叛。各路學者提交了不同的策略演算法，大家兩兩輪流比賽，看最後誰的收益最大。

出乎意料的是，最後勝出的是一個非常簡單的策略，它的英文叫作「Tit for Tat」，一般翻譯成「以牙還牙」。這個策略是如下運作的。

第一，不管與誰比賽，第一輪我都選擇合作。

第二，第一輪過後，我就複製對手上一輪的做法。

你上一輪要是與我合作，我下一輪也與你合作；你要是背叛了我，我下一輪也背叛你；如果你在哪一輪又選擇合作了，那我還是繼續與你合作。我的合作、報復、原諒，都只是模仿你上一輪的動作。

別人怎麼對我，我就怎麼對別人。用俗話來說，就是「人不犯我，我不犯人；人若犯我，我必犯人」。

艾瑟羅德覺得這也太簡單了，肯定有其他能戰勝以牙還牙的辦法。於是他又發起了第二次競賽，更多的賽局理論專家參與，出現了更複雜的演算法，可最後勝出的還是以牙還牙。

我們仔細分析以牙還牙這個策略，最有意思的一點在於：它和任何一個對手比賽的時候，最多是打成平手，只會讓自始至終選擇背叛的對手比它多占一輪的便宜。可就是這樣，最後算總帳時，它的收益會超過其他人，因為它既不當冤大頭，也不自尋死路。這是一個保守的策略，就好像是個以直報怨的老實人，但是最後老實人勝出了，這是一個多麼令人高興的發現。

我們可以說，以牙還牙，簡單、粗暴、有效。

後來艾瑟羅德寫了一本書，叫《合作的競化》（*The Evolution of Cooperation*），現在已經是名著了。人們從這本書中看到了人類文明的希望，我們終究會走向合作。

但是你可能不知道的是，以牙還牙其實是一個脆弱的策略。[9]這個策略對「錯誤」很不友好。

電腦總是精確的，但真人賽局可能會操作失誤。比如我們設想有A和B兩個人，都是按照以牙還牙的策略進行比賽。他們倆一直都是合作，但是在某一輪，A操作失誤，導致B把合作當成了背叛。下一輪，B就會報復A。這又導致再下一輪，A要報復B……兩個人就陷入再也無法合作的循環。

這不就是冤冤相報嗎？就像巴勒斯坦和以色列，幾十年的世仇，舊的傷口還沒抹平，又添新的仇恨，怎麼調解都調解不成。他們都不是壞人，也許他們只是以直報怨的老實人。

生活中有時候也會出現這樣的情況，小孩打架之後還能和好，可是成年人講原則，兩個好朋友因為一次誤會，可能一輩子都不來往了。

所以在真實世界中，以牙還牙並不是最好的策略，它不夠寬容。賽局理論專家提出過一個改進版的以牙還牙：對方背叛我一次，我繼續合作；對方連續背叛我兩次，我再報復。研究表明在有可能出錯的賽局中，這個辦法的效果比以牙還牙更好。

真實生活中，別人可能犯下無心之過，你也可能誤判。有句話叫「退一步海闊天空」，強人通常不喜歡這句話，但是這句話其實很有道理，寬容能避免脆弱。不過請注意，**這句話的關鍵字是「一步」。退一步是寬容，退兩步就是**

縱容了。

說到這裡，我不禁想起了錢鍾書小說《圍城》的結尾。方鴻漸和妻子孫柔嘉爭吵。方鴻漸在回家的路上「蓄心要待柔嘉好」，而在家中等丈夫回家吃飯的孫柔嘉也「希望他會跟姑母和好，到她廠裡做事」。兩人都抱持著正向的願望，希望達成合作。結果一見面，說幾句話又翻臉了，還動手了。

有人說《圍城》的主題，並不是說婚姻是個圍城，而是在說人無法掌控自己的命運。方鴻漸不知道為什麼就與孫柔嘉結婚了，也不知道為什麼婚姻就破裂了。

總是事情改變人，人改變不了事情。人也改變不了賽局。

但真的是這樣嗎？本來是想合作的，為什麼就不能合作呢？如果有一方能寬容一點，被冒犯了也再給對方一次機會，或許就不會是這樣悲劇的結局。

問與答

Q **讀者提問：**

退一步是包容，退兩步是縱容，那是否在退一步的時候多多少少把下次懲罰訂定出來，有利於接下來的合作呢？

Q **讀者提問：**

反向思考一下，如果一方總想利用那一次犯錯被原諒的機會幹一票大的，那還應該原諒嗎？也就是說，寬容不用考慮受害程度嗎？

A **萬維鋼：**

這些考慮都很有道理。以牙還牙也好，改進版的以牙還牙也好，都是在類比的簡單世界裡的賽局原則。這些模擬中，參與者彼此沒有辦法進行可信的威脅和承諾，也不區分每次背叛的「可恨程度」。

日常生活中的賽局，我們會有更多的操作選項。比如有些傷害明顯是惡意的，而且造成了極其嚴重的後果，那就是不可原諒的。還有，對於特別重大的合作事項，簽合約的時候都會規定出如果一方違約會得到什麼樣的懲罰，不留原諒的餘地。

但這絕對不是說電腦模擬的結果沒有意義。電腦模擬是對生活的一種抽象近似。我們在真實生活中，的確會經常性地與人產生各種合作和背叛，比如熟人間的小摩擦、同事間利益的分配、公司和公司頻繁的小型競爭或小型合作，這些賽局的結果並非沒有規律可循。像改進版以牙還牙的這個原則，肯定比一味地退讓或者一味地強硬來得好，甚至也比什麼虧都不能吃，甚至還主動背叛別人要好。

當然你不能機械式地執行這個原則，你應該執行的是這個原則的精神。社會科學的結論都是這樣，它是方法，但不是演算法，沒有機械化一定好用的定律，但是至少可以作為解法的思路。從這個意義上來說，很多問題確實沒必要將它變成特別繁雜的數學。

Q 讀者提問：

既然在現實生活中，操作失誤難以避免，那麼是不是可以（在報復之前）透過更頻繁、有效的溝通和資訊共享，來消除潛在的誤會。當然溝通也會有成本，但起碼在重要的事情上這麼做。這樣的做法是否更優？

A 萬維鋼：

是的！所以有句話說：「要與朋友拉近距離，而對敵人要更近。」古巴導彈危機之後，美、蘇兩國一看這樣的局面太過危險，心想千萬別因為誤會大打出手，所以雙方建立了「熱線」，有任何事情先打電話問問，消除誤會。

一九六七年第三次中東戰爭，美、蘇雙方都沒有參戰，但是雙方的艦隊都在附近有所行動。這個時候熱線就起到了作用，雙方在幾天之內打了幾十次電話，明確表示這只是一般的行動，並不是打算參戰。後來建立熱線溝通的辦法就流行起來了。美國和中國、中國和蘇聯、印度和巴基斯坦、南韓和北韓之間都有熱線。

熱線這個主意是誰出的呢？最早是古巴導彈危機之後，甘迺迪政府組織的一個專家小組提出來的。這個專家小組的領導者，正是諾貝爾獎得主、賽局理論策略矩陣的發明人，湯瑪斯・謝林。

熱線的建立不是為了交流感情，也不是為了友好合作，而是敵對的雙方為了避免誤會。事實上，冷戰沒有變成熱戰，建立了熱線的各方的確沒有動不動就打起來，熱線在其中起了很大作用。這讓我們忍不住設想，世上有多少衝突是因為誤會而起呢？如果大家都足夠理性，仗還有必要打嗎？

對比之下，在同事、鄰里、夫妻之間，包括有些公眾人物在社群網站上，不交流還沒事，一交流反而因為幾句話沒說好就爆發了衝突……這不把湯瑪斯・謝林笑死了嗎？

第 5 章

裝好人的好處

如果寧可吃點虧也要選擇合作，
就會建立良好的聲譽，
從而吸引更多的人前來合作。
從長期來看，這才是「大智」。

賽局理論假設參與者都是理性的人，學習賽局理論也是學習理性的決策。理性之人的一切行動都是為了自己的利益。但另一方面，我們從小到大都被教導要做個「好人」。理性的人有可能是好人嗎？

有的人認為我們生活的這個世界是由弱肉強食的叢林法則所主導，好人都很愚蠢。也有的人在任何情況下都選擇做一名好人。賽局理論是怎麼看待好人的呢？

好人與囚徒困境

以前有個電視節目是這樣的：[10]素不相識的兩個人組隊答題，題目都很簡單，答對一些題之後，兩人會獲得一筆幾千美元的獎金，最大看點是兩個人怎麼分這筆獎金。節目組規定，兩人要分別在紙條上寫下「朋友」或者「敵人」。如果兩人寫的都是「朋友」，就平分這筆獎金。如果一個人寫「朋友」，另一個人寫「敵人」，那麼寫「敵人」的人就拿走所有的獎金。如果兩個人寫的都是「敵人」，那兩人什麼都得不到。

這是一個典型的囚徒困境，而且賽局只發生一次。寫「敵人」的人，要不是拿到所有的錢，要不就是一分錢也拿不到。寫「朋友」的人，可能一分錢都拿不到，也可能只拿到一半的錢。顯然兩個人的優勢策略都是寫「敵人」。

然而節目中的真實情況是，五三・七％的女性和四七・五％的男性都選擇了合作，他們寫下了「朋友」。這些人在金錢面前選擇相信一個素昧平生的人，寧可被人背叛，也不願背叛別人。他們選擇做一個好人。

類似這樣的研究還有很多，甚至有經濟學家專門到監獄裡讓真正的囚徒進行囚徒困境的遊戲。[11]這些研究的結果高度一致：有一半，甚至一半以上的人選擇做好人。

難道這些都是不理性的人嗎？

一來，這些人的確有些是不理性的，因為他們玩這種遊戲時都還不夠熟練。前文提過，人在做熟悉的事情時通常是相當理性的；也有實驗證明，[12]如果讓一群人連續與不同的對手玩幾輪囚徒困境遊戲，他們的行為就會趨於理性，會更高頻率地選擇背叛。這就好像在社會中見識了人性之惡，會讓人變得成熟一樣。

但有意思的是，如果讓固定的兩個人連續玩一百輪囚徒困境遊戲，他們會大量地合作，一直到最後幾輪才開始互相背叛。

這似乎很容易理解，畢竟我們在熟人面前總是做好人。但是，簡單的賽局理論分析並不支持這個做法，這個現象曾經是一個著名的悖論。

好人與有限次數重複賽局

在前文中，我們提到重複賽局會促進合作，因為你可以懲罰那些不合作的人。但是這個重複賽局其實有個隱含的假設——重複次數是無限的。在有限次的重複賽局中，按理說，還是不應該合作。

這個結論有點怪，但是邏輯很清楚。比如兩個人總共要進行一百次囚徒困境賽局，在最後一次賽局中，因為後面沒有懲罰的機會了，雙方的優勢策略就都會是背叛。既然如此，第九十九次賽局的時候，在雙方都已經算出下次對方肯定會背叛的情況下，第九十九次賽局必定也是互相背叛。同樣的道理，第九十八次賽局也應該是互相背叛……有限次數重複賽局中的每一次都應該是互相背叛才對。

可在實驗中，為什麼兩個人直到最後階段才選擇背叛呢？是因為他們不會計算嗎？對此，我至少聽到過兩種解釋。

一種解釋[13]認為，真實生活中的賽局次數的確有限，但也是隨機的。如果我們不知道總共會有幾次賽局，甚至不知道下一次還會不會有賽局，那麼為了避免將來可能的懲罰，這次還是應該選擇合作。正所謂「做人留一線，日後好相見」。

還有一種解釋[14]認為，就算我們明確知道未來還會有多少次賽局，理性的選擇也應該是先合作，這就是「KMRW聲譽機制」，又可被稱為「四人幫模型」。它是一九八二年才被提出來[15]，並以大衛．克雷普斯（David M. Kreps）、保羅．米爾格龍（Paul R. Milgrom）、約翰．羅伯茲（John Roberts）、羅伯．威爾遜（Robert B. Wilson）這四位經濟學家的姓氏首字命名。這個理論非常有意思，它事關「要不要做好人」這個重大問題。

如果雙方都明確知道對方是理性的人，那在有限次數重複賽局中就不會有合作。可是社會上總有些人願意當好人，願意合作。四人幫模型解釋的關鍵在於：「對方到底是不是個理性的人」這個資訊是不完全的，又叫作「不完全資訊賽局」。KMRW聲譽機制認為，在不完全資訊中，參與者不知道對方是個單純的好人還是理性之人，只要賽局重複的次數足夠多，合作能帶來足夠的好處，雙方都會願意維護「自己是好人」的聲譽，前期盡可能地保持合作，到最後才選擇背叛。

具體來說，就是假設賽局雙方是A、B二人。A是喜歡合作的好人，B是自私自利、整天偷搶拐騙的壞人。兩人進行第一次賽局，B發現A沒有背叛他，居然與他合作了。B會想，A是不是有點傻呢？那B接下來會怎麼辦呢？

如果囚徒困境要進行很多輪的話，合作對雙方都有好處。這次A讓B占了便宜，但是B知道，只要A有點腦子，不可能讓自己永遠占便宜。與其把A教育成壞人，還不如陪著他當好人。長期下來，對兩人都有好處。

所以B在下一輪選擇了合作。我們知道，B之所以這麼選，是因為他覺得A有點傻，A肯定會與他合作——對別人，B可不會這麼做。

幾輪合作下來，A也會認為B是個好人。就這樣，一個真好人，一個假裝的好人，他們便這麼一路合作下去了。直到最後的幾輪，他們才會露出本來的面目。

好人與社會

你是不是感覺A和B的故事有點熟悉？《射雕英雄傳》裡，黃蓉和郭靖剛剛相遇時，黃蓉本是個理性之人，她知道江湖險惡，所以行事機智。但黃蓉發現郭靖的行為有點傻，居然是個好人，於是黃蓉——在賽局理論專家看來是完全理性地——也選擇做好人。最終成了兩個好人快樂地生活在一起。

那黃蓉到底是裝好人，還是她本來就是個好人呢？更進一步，當初的郭靖到底是真好人，還是裝好人呢？從賽局理論角度來說，這些問題已經不重要了。因為我們在大多數情況下無法區分好人和理性之人。

張維迎在《博弈與社會》這本書裡講到，ＫＭＲＷ聲譽機制可以解釋為「大智若愚」。

「智」，就是人要自私，一切行動都是為了自己的利益；「愚」，就是寧可吃虧也不背叛別人。每一輪都選擇背叛，看似自私不吃虧，但其實那是「小智」。而**如果寧可吃點虧也要選擇合作，就會建立良好的聲譽，從而吸引更多的人前來合作，從長期來看這才是「大智」**。

這使我想起一個笑話：小鎮上有個傻青年，別人都喜歡用一個遊戲逗他玩，在地上擺一張十元和一張二十元的鈔票，笑他每次都撿那張十元的。後來有個外地人來到小鎮，看好戲般地找到這個青年玩遊戲，青年果然撿了十元的鈔票。外地人忍不住問他：「你為什麼不撿二十元的鈔票呢？」青年說：「我要是撿二十元的鈔票，還會再有人跟我玩這個遊戲嗎？」

好人與理性之人

理性之人有充分的理由不暴露自己是個理性的人，而假裝自己是個好人。

那裝好人要裝到哪一步為止呢？有限次數重複賽局的實驗中，雙方通常是到了倒數第二次賽局，才暴露自己為理性之人的面目，選擇背叛。生活中有些人的確是這麼做的。比如有個「五十九歲現象」，指老老實實、清正廉潔地做了一輩子工作，屆臨退休時再利用職權撈一把大的。

但是五十九歲暴露可能還是太早了。因為人生的賽局並不在退休那一刻終止，除了工作以外還有很多賽局，好人的聲望可以一直有用。

也許裝好人應該裝到生命最後一刻，就好像一個戲劇橋段。一對戀愛中的男女，女孩問男孩：「你對我那麼好，是不是在騙我呢？」男孩的回答非常符合賽局理論精神，他說：「如果我是在騙你，那就讓我騙你一輩子吧。」

既然裝好人有這麼大的好處，我們為什麼不做一個真正的好人呢？做一個宛如康德（Immanuel Kant）的好人，與人合作並不是因為合作有好處，而是我單純認為這麼做是對的，這樣行不行？

賽局理論專家絕對不會建議你去做真正的好人。好人經常對世界有一廂情願的期待，有的好人認為他能感化別人，他覺得如果這次與人合作，哪怕吃了虧，下一次別人也會因為不好意思，或者為了回報而選擇合作。賽局理論專家認為這種想法非常危險。事實上，如果你身處一個比較險惡的社會環境，那你不但不應該做好人，而且應該裝壞人。[16]

不過話說回來，做真正的好人的確有個重大好處——你會自我感覺良好。為了維持這個良好的感覺，你寧可犧牲金錢的利益。這大概就是一開始提到的實驗中，有一半的人在最初就選擇了合作的原因。

現代社會就是這樣，通俗小說、電影和電視劇裡，一般都是好人取得最後的勝利。你被這樣的文化薰陶，就不自覺地想要與好人一夥。好人與好人之間形成了一個想像的共同體。這其實是一個幻覺，但是沒辦法，想像的共同體是最強大的社會力量。

這種感覺有時候會如此強烈，以至於我們認為物質利益都是不值得的。這其實也是理性，只要你知道自己心中什麼最重要就行。

問與答

Q **讀者提問：**

理性之人和好人的假設，還是讓人有點難以接受。我認為不是理論體系的問題，是應該區別每一種模型裡提出的假設，不能把假設和真實社會某些非假設的東西串起來，這讓我很混亂啊！

A **萬維鋼：**

每個理論都有自己的邊界和適用範圍。賽局理論並不研究你應該想要什麼，賽局理論研究的是當你想要的某個東西是別人也想要的，你們在這件事上有衝突，那你應該怎麼做才能讓自己在這個東西上的利益最大化。

賽局理論甚至不研究你應該想要短期利益還是長期利益。重複賽局默認人想要長期利益，但是如果有一方對長期利益不感興趣，那賽局就是短期的，這也沒問題。

賽局理論不在乎具體的價值觀，但是賽局理論要求你對想要的東西要有個清晰、穩定的排序。你得知道你為了什麼東西可以犧牲什麼東西。

不過在通常情況下，賽局雙方想要的是同一種東西——也只有這樣的問題才值得研究，否則就不是「非合作賽局」了。

Q **讀者提問：**

在一個春節前夕，我一位做家具零售的朋友的供應商跑路了，臨走還捲走了我朋友的預付款，我朋友想不明白，大家都相處十多年了，一直合作愉快，何必為了這十幾萬元搞得終生不見。我問朋友：「對方之前有什麼反常舉動嗎？」他說也就是大環境不太好，對方多要了一些預付款，供貨延期，拖了兩次，找上門去才發現跑路了。根據ＫＭＲＷ聲譽機制，他們之間賽局重複的次數夠多，合作也確實帶來足夠的好處，雙方也都在維護自己是好人的這樣一個聲譽，最後一次才選擇背叛。但如何判斷什麼時候是最後一次呢？

A 萬維鋼：
這件事簡直是完美地詮釋了ＫＭＲＷ聲譽機制，只可惜雙方對「什麼時候是最後一次賽局」沒有共識。ＫＭＲＷ聲譽機制認為，到底哪一次賽局是最後一次，與背叛得到的好處，或是與對方是好人的機率大小都沒關係。只要雙方明確知道什麼時候結束，那麼通常背叛會從倒數第三次或倒數第二次合作開始。

這個供應商可以說是個短視的人，這樣的人沒什麼出息。但是你的朋友也有點大意了。既然大環境不好，不但不應該多給預付款，而且還應該少給。不用說企業，連銀行都應該緊縮信貸。如果你對別人唯一的懲罰手段就是下次不合作，那一定要確保別人從背叛中得到的利益最小化，就好像毒品交易，每次的額度都不要太大。

第 6 章

布衣競爭，權貴合謀

合作的利益大，就不會競爭；

背叛的成本低，才會有背叛。

要知道，巨頭早就聯合起來了。

在前幾章，我們一直把囚徒困境當作是不好的東西，不過這是一個立場問題。站在囚徒的立場來說，你希望促進合作；但是站在員警的立場上，你希望利用囚徒困境。

市場上企業之間的競爭，可以說是一個對消費者好的囚徒困境。作為消費者，我們不希望所有公司聯合起來抬高價格，我們希望各個公司互相競爭，使產品品質愈來愈高，價格愈來愈低。但公司是非常理性的參與者，他們會想盡各種辦法達成合作。

最常見的辦法，是透過某種協調機制進行合謀。只要參與者夠少，利益夠大，合謀簡直就是必然的。這不是一個正能量故事。

鑽石故事

你記不記得李奧納多・狄卡皮歐（Leonardo DiCaprio）主演的電影《血鑽石》（*Blood Diamond*）？當時，很多人看了這部電影之後表示再也不喜歡鑽石了。因為礦工付出極大代價，卻沒有得到什麼好處，錢都讓商人賺了，鑽石不過是一種挺好看的石頭而已。

鑽石根本就不是什麼稀有的東西，這已經成為一個公開的祕密。天然鑽石的蘊藏量其實很大，鑽石之所以價格那麼高，是因為鑽石業務被壟斷了。

現代人都把鑽石當作永恆愛情的象徵，說「鑽石恆久遠，一顆永流傳」。如果你認為這個比喻是因為鑽石的化學性質特別穩定，那就太過天真了。

事實是把鑽石和愛情聯繫在一起，就像把聖誕老人送禮物和耶誕節聯繫在一起一樣，都是商業宣傳的結果。

結婚戴鑽戒的風俗是在十九世紀才流行開來的，而就在十九世紀，鑽石業務出現了一次重大危機。一八六九年，人們在南非發現了一個巨大的鑽石礦，導致鑽石的價格直線下降。商人們馬上意識到這是囚徒困境，各家競相削價的結果是大家同歸於盡。

於是鑽石商人們做出了一個賽局理論意義上的壯舉：大家聯合起來成立了一個全球的壟斷集團——著名的戴比爾斯（De Beers）公司。

戴比爾斯完全不避諱壟斷的事實，而且還引以為豪。該公司表示，我們壟斷，讓鑽石維持高價格，對生產者、銷售者和消費者都有好處。

你可能和我一樣不理解這對消費者有什麼好處，但是戴比爾斯的邏輯是這樣的：所謂「鑽石恆久遠」，真正的意思是鑽石能保值；鑽石保值，你們的愛情才能保值。鑽石要是貶值，萬千消費者的愛情不也就貶值了嗎？如果沒有昂貴的鑽石，你們用什麼見證愛情呢？所以就算你還沒買鑽石，你也不希望鑽石貶值。

戴比爾斯以這樣的邏輯，讓它幾乎成為一個專門提供愛情服務的公司。總而言之，鑽石是一種非常奇怪的商品，它必須價格貴才有人買，「貴」就是它的價值。

戴比爾斯這麼多年來確實做得很好，它讓鑽石價格始終穩定在同一水準上，不降價，但也不漲價。它小心翼翼地不去刺激美國政府，因為美國有嚴厲的反壟斷法。戴比爾斯會收購潛在的競爭對手，哪裡發現一個新鑽石礦，他會不惜代價將其買下。戴比爾斯還教育消費者，人工合成的鑽石與天然鑽石有著微妙卻絕對無比重要的差異。戴比爾斯玩的是一個滴水不漏的遊戲。

而問題在於，鑽石真的不是什麼稀有的東西，戴比爾斯不可能永遠一手遮天。比如在一九九九年和二〇〇三年，加拿大的鑽石礦就宣布和另外兩家珠寶公司合作，其中一家正是著名的蒂芙尼（Tiffany & Co.）。戴比爾斯的壟斷被打破了。

麥克亞當斯在《賽局意識》[17]這本書裡對鑽石業的未來表示悲觀，當時是二〇一四年，戴比爾斯的市占率已經大大下降。

但是我特地調查了一下，發現壟斷被打破之後，鑽石的價格並未下跌。

一九八七年以來，戴比爾斯歷經礦場退出這個卡特爾的結構，以及政府對其提出的壟斷訴訟，它的市占率的確是一路下滑。[18]

不過，鑽石的價格並未下跌。戴比爾斯於二〇〇〇至二〇〇四年清盤庫存後，鑽石的價格變動性反而提高了，甚至於二〇一一年達到最高紀錄。

可以說，戴比爾斯失去壟斷地位之後，鑽石價格指數的波動的確變大了，但總體來說，鑽石價格不但沒有下跌，反而還上漲了三〇%。[19]

我們總是會聽到類似「俄羅斯發現了一個巨大的天然鑽石礦，鑽石馬上就要不值錢了」這樣的分析。可是這麼多年過去了，鑽石還是這麼貴，愛情真沒貶值。這是為什麼呢？

當然是因為理性。鑽石業務的玩家仍然是少數，他們知道鑽石的優勢就在於價格，所以絕對不能降價，於是他們非常有默契地形成了同盟。

雖然政府不許公司聯合起來成立卡特爾，但很多協調都是意會，不需要成立什麼敏感組織，就可以達成一致。

買貴退差價

美國有些商店有一種叫「價格匹配」（Price Match）的做法。比如你在我的商店買了一件物品，一段時間內，如果你發現該物品在另一家商店的價格更便宜，你可以回來找我，我會退還你差價。有些商店甚至還會多付差價的一〇%作為補償金。

有多少人買東西會關心別的商店賣多少錢呢？真正動用這條規則的顧客只是少數。既然商店敢這麼承諾，顧客也就會相信這家店的價格確實夠低，也就沒必要繼續貨比三家了。從賽局理論的角度看，[20]價格匹配還有一個更重要的作用——避免價格戰。

像電子產品這類標準化的商品，消費者無論從哪個商店買都是一樣的，他們只會關心價格，所以特別容易引發價格戰。在理論上這是一個囚徒困境，商店應該把價格壓低到只比成本略高才對。但事實是，各家店的價格幾乎都一樣，商店之間有良好的協調。

比如商店A實行了價格匹配。本來競爭對手的商店B降價是為了吸引更多顧客，尤其是要把商店A的顧客搶過去。但是現在商店A表示如果商店B降價，我會退給顧客差價，便意味著商店B就算降價，也搶不到商店A的顧客，因此商店B也就沒必要降價了。

所以**價格匹配是一種不用直接對話的協調**。商店之間並沒有成立卡特爾組織，政府很難說這樣的做法有什麼不對。

價格匹配在網路時代之前十分常見，對消費者來說它是個很麻煩的做法，你發現自己買貴了，要提交證據，又要等著退錢。到了網路時代，消費者可以很方便地查詢到各家商品的價格，直接買一個最低價的就行了。這樣商店是不是應該競相削價了呢？

並沒有。價格匹配的本質是「你降價，我就跟著降價」——所以你降價沒用。這在網路時代其實更便於執行。

網路時代的合謀

在美國買車，是可以討價還價的。史丹佛大學胡佛研究所的研究員、應用賽局理論專家布魯斯．梅斯吉塔（Bruce Bueno de Mesquita）在《預測工程師的遊戲》（*The Predictioneer's Game*）[21]一書中講了一個買車的方法：如果你要買車，別急著去車行，先打電話給他們，告訴他們你今天下午四點之前要買一輛某型號的車，而且你會聽取附近所有車行的報價，這樣一來，他們就會給你一個最低價格。

我家買車的時候就測試了這個方法，的確有效。在我看來，這方法的關鍵在於它是暗中競價，你與這個車行談的價格，別的車行是不知道的。如果車行A知道你與車行B談的價格，而且車行A也讓車行B知道，它一定會立即匹配車行B提出的價格，車行B就不會打這場價格戰了。因為如果打價格戰不能吸引到更多顧客，背叛沒好處，就不是囚徒困境了。

網路時代有很多比價網站，各家的報價一目了然，看上去像是一個為消費者服務的做法。但事實上，比價網站方便了商家之間的價格協調。

商店也在互相盯著各自的報價。如果某個商店把某個商品降價，其他商店常常會在五分鐘之內也降價。特別是亞馬遜（Amazon）平臺，有人專門做過研究，它使用專門的演算法根據其他商家的報價調整自家的價格。

你降價時我也降價，這樣一來你就無法利用降價搶走我的顧客，那你還何必降價呢？因為有這樣的協調機制，至少在報價這一點上看，消費者面對的其實只有一家店。

當然，如果商家真想用降價的方法吸引顧客，其實還是可以操作的。比如商家可以進行「滿額優惠」之類的活動，不改變商品價格，最後結帳時再給消費者實惠。許多網路電商經常這麼做，可能是因為這些電商仍處在成長期，還在互相搶地盤。美國的電商或許已經相對成熟了，各自承認勢力範圍，盡量避免囚徒困境式的廝殺。

現在美國連「募捐」這種業務都已經形成壟斷集團了。[22]假設你有一個研究攻克某種罕見疾病的慈善計畫，想要向全國人民募捐，但你因為個人的行動力太弱，無法籌措到多少款項，必須把這件事外包給一家專門進行慈善事業的大公司。這家公司就會派人挨家挨戶打電話、敲門幫你募捐——但是你只能得到全部收入的二〇%。

你覺得這太不公平了，但募捐是個囚徒困境，因為勸說捐款的慈善組織太多，老百姓已經不勝其煩，讓一家大公司壟斷是最合理的辦法。不過大慈善組織全都聯合起來，小慈善專案根本分不到什麼。

如果某件事情利益很大，而參與者很少，這些參與者就會聯合起來，成為一種賽局。因為只要上了這張桌子，就能穩穩當當地瓜分天下，何必鬥個你死我活？

網上流傳著一句話：「上流社會人捧人，中流社會人比人，下流社會人踩人。」它雖然難聽，但是有幾分道理。合作的利益大，就不會競爭；背叛的成本低，才會有背叛。

怎麼打破這個局面？一個辦法是擴大市場，讓更多的參與者進來，讓商家或明或暗的協調沒那麼容易達成。另外一個辦法是依靠政府的力量反壟斷，相當於全體消費者聯合起來去對付巨頭。

要知道，巨頭早就聯合起來了。

Q 讀者提問：

如果現在有個機會，能得到一個行業的壟斷權，但只有六〇%成功的可能性，而且要投入極大的成本（時間、金錢等），你會選擇壟斷嗎？

A 萬維鋼：

壟斷這個遊戲並不容易玩。僅僅在名義上，甚至在法律上占有地盤還是不夠，你還得有鐵絲網，能阻止別人進來才行。你可以想一想，你所說的這個壟斷是什麼樣的壟斷呢？是技術壁壘嗎？是政策性的嗎？或僅僅是一個暫時的局面呢？你怎樣才能確保後來的人進不來，讓你長期獨享這個市場？

想要玩這樣的遊戲，必須有一定的根基才行，好比技術根基、人力根基、品牌根基或者人脈根基。一個沒有根基的人，就算偶然拿到了壟斷權，那也是德薄而位尊，根本守不住。

Q **讀者提問：**

對於上流人士來說，賽局理論相對好理解、好操作。而作為中層和底層人士來說，受制於囚徒困境，賽局理論是不是難以踐行？

A **萬維鋼：**

上層因為利益很大而人數少，的確是更容易達成協調和合作。就算有衝突，也不會是一個人獨自與所有人衝突，都是以合作為主，最多拉幫結派。對比之下，中下層十分缺少有力的合作夥伴，沒人幫襯。

那麼在這種情況下，如果一個中下層人士不喜歡自己的角色，不願意隨波逐流，想要做個參與者，他就需要賽局理論。首先，他會迫切需要幫助，所以他需要和別人建立互信機制；他必須證明自己有足夠的能力完成任務，才能得到比較重要的工作；他必須證明自己一定會還錢，才能借到錢；他必須結交到足夠好的朋友，才能在自己分身乏術的時候有人幫他做平時要做的事；他必須賞罰分明，才能團結起一幫人。

賽局理論會對此有所幫助。我也將在〈其身不正，雖令不從〉一文中介紹什麼是可信的威脅和承諾。在賽局理論的視角中，沒有什麼上層和下層，有的只是各式各樣的賽局格局。

劉邦的丞相陳平出身下層，他家裡很窮，但是他把自己保養得挺好，長得很漂亮。陳平不事生產，家裡的房子無論是地段還是設備條件都很差，但是他交際範圍廣，「門外多有長者車轍」。有個富人一看陳平是個角色，就把女兒嫁給他，還說：「人固有好美如陳平而長貧賤者乎？」

我認為學賽局理論也是這樣。一個人怎麼可能精通賽局理論而長期處在貧賤狀態呢？

第 7 章

有一種解放叫禁止

監管不是統治和被統治的關係，

而是玩家們避免惡性競爭的協作手段。

賽局理論這門學問的開山鼻祖是物理學家、數學家和電腦科學家約翰・馮紐曼（John von Neumann），他是人類歷史上絕無僅有的天才。不過現在提起賽局理論，我們經常談論的是約翰・納許、湯瑪斯・謝林這些經濟學家，這是為什麼呢？

因為馮紐曼研究的賽局理論還只是一種數學遊戲，而後世那些樸實的經濟學家讓賽局理論更落實，使它能被應用在日常生活中。到了今天，我們甚至可以說賽局理論是一切社會科學的基礎。

比如囚徒困境就是個特別有用的思維工具。經濟學中所謂的外部成本、共有財悲歌、價格戰，乃至國際政治中的軍備競賽，動物世界中的互助行為，體育比賽中的禁藥使用，醫學中的抗生素濫用，心理學中的上癮現象，其實都是囚徒困境。破解囚徒困境的方法可以在各個領域使用，所以賽局理論是一個更底層的邏輯，是人類理性行為的第一原理。

這一章，我們繼續探討破解囚徒困境的方法。自由論者可能更喜歡用重複賽局或者協調這類自發的方式達成合作，但是老百姓有個更直觀的解決方案：

讓政府管。

我們需要被管

相對於英式足球，美式足球（橄欖球）比賽看起來簡直像是兩支軍隊在作戰。教練對球隊有更直接的控制，有各種攻防陣型，動不動就打得人仰馬翻。你可能覺得美式足球太野蠻，其實它在以前更野蠻。

一八九二年，在一場哈佛大學對耶魯大學的美式足球比賽中，哈佛大學發明了一個非常厲害的進攻陣型，叫作「楔形推進」（Flying Wedge）。[23] 隊員排成一個緊密的V字形衝鋒，像一把尖刀插入敵人的心臟。哈佛大學憑著這個陣型取得了壓倒性的勝利。

但是在可以進行充分交流的比賽項目裡，是不會有獨門絕招的，其他球隊很快就都學會了這一招，楔形推進風行一時。之後人們馬上意識到一個問題，這種野蠻的打法特別容易導致受傷。

每個球隊都想用楔形推進贏球，但是為了減少受傷，最好是大家都不要用，這是典型的囚徒困境。而這個問題很容易就被解決了，大學聯盟直接禁止使用楔形推進。比賽規則很容易被貫徹執行，因為哪個隊犯規，裁判一眼就能看出來，能立即懲罰，簡單有效。

從賽局理論角度來說，這叫作「邀請第三方監管」。監管的本質是改變了賽局的報償（Payoff）。有了有效的監管，不合作不但沒好處，還會受到懲罰，那麼不合作的行為自然就會大大減少。

運用這種方法的例子有很多，比如菸草廣告。

歷史上曾經有一段時期，美國的菸草公司可以任意發展。到了二十世紀六〇年代，菸草市場就已經飽和了。全國總共就這麼多人吸菸，市場總共就這麼大，幾家大菸草公司無非是瓜分一個有限的市場。若別人想要多拿一點份額，我就得少拿一點，這就是零和賽局。零和賽局的競爭最是激烈，於是各家菸草公司不得不花費愈來愈多錢做廣告，大家的投入愈來愈大，可是總體市場仍然只有這麼點大，這是一個困局。

與此同時，當時人們逐漸意識到吸菸的危害，政府開始推動立法，限制菸草業的發展。一九六七年，美國聯邦通訊委員會發布規定：在電視上做菸草廣告，必須搭配播出一條「吸菸有害健康」的公益廣告。這對菸草行業來說簡直是致命一擊。不做廣告，競爭對手就會搶走你的顧客；然而大家都做廣告，不僅都要花錢，吸菸的人還會在公益廣告的教育下變得愈來愈少。這又是一個典型的囚徒困境。

在一九七〇年，美國國會又通過了一個法案，禁止菸草公司在電視上做廣告。這個法案實行的第二年，菸草公司的廣告費就下降了三〇％，利潤順勢上升，已經瀕臨死亡的菸草業一下子復活了！美國國會哪裡是打擊菸草業，這簡直是促進菸草業的健康發展。

事實上，大眾不知道，甚至連很多國會議員都不知道，這條禁止菸草公司投放電視廣告的法規，是菸草公司自己在國會運作的結果。他們用邀請第三方監管的辦法解決了囚徒困境。市場還是這麼大，但是每個公司都能省下一大筆廣告費，還不用再宣傳「吸菸有害健康」了。

有一種困境叫自由，有一種解放叫禁止。

再比如中國球員的競技水準在世界排名內很低，可是他們的薪資水準很高，這是因為球員太少，使球隊陷入了囚徒困境。中國足球協會制定了限薪令，規定參與超級聯賽的國內球員年薪不能超過稅前一千萬元。

如果你是一個遵循教條主義、擁護自由市場的經濟學家，可能會認為限薪令是政府在干預市場正常運行。但賽局理論是比經濟學教條更基礎的邏輯。從賽局理論角度來說這麼做完全合理，關鍵在於：就算薪資達到頂端，球員踢球的積極性也不會下降，因為以當前這些球員的能力，他們只能在中國的超級聯賽踢球。限薪並不會讓聯賽的水準受損。

在這類被資方完全掌控的市場裡進行限薪是十分常見的做法。美國的國家籃球協會有薪資上限，中國的娛樂明星拍戲也有片酬限制了。要點就在於即使限薪，明星們也只能留在這個市場裡。西班牙足球甲級聯賽要是實施限薪，知名球員梅西（Lionel Messi）還可以去英格蘭足球超級聯賽踢球，而中國這些明星球員只在中國最賺錢。

像這樣的監管不是統治和被統治的關係，而是玩家們避免惡性競爭的協作手段。當然，監管並不是萬能的。

漁民的故事

關於「共有財悲歌」，你肯定在以往的經濟學教科書中看過「草地放牧」的比方，但現實生活中還有個特別顯眼的例子——漁民捕魚。好幾個經濟學家在其著作中講捕魚的景況，有意思的是，每一本書提供的解方思路都不一樣，而且每一本書都沒有徹底解決問題。

捕魚的事例是這樣的：某片公共海域中有魚，如果放任漁民捕魚，他們很容易就會把所有魚都捕光。每個漁民都知道「不涸澤而漁」的道理，可是你不捕，別人也會捕，這是一個囚徒困境，進而就會出現共有財悲歌，怎麼辦？

經濟學家應對共有財悲歌有三個辦法。[24]左派經濟學家的辦法是讓政府監管，市場基本教義派經濟學家的辦法是把漁場私有化，而一個更高段的辦法，是二〇〇九年諾貝爾經濟學獎得主伊莉諾．歐斯壯（Elinor Ostrom）提出的觀點——社區可以自己管理自己。

從賽局理論來看，這三個辦法沒有本質區別，其實都是監管。區別只是由政府監管，由擁有者監管，還是大家互相監管。而且這三種監管手段可能都不好用。

先說最高段的應對辦法。社區自己管理自己的最簡單做法就是休漁，只在每年的某些季節捕魚，其他時間休養生息，大家互相監督，誰也不許出海。這個辦法非常容易執行，畢竟誰家要是出海，別人一眼就能發現。但是休漁期並不是無止境的，在允許捕魚的季節，各家漁民都會使用最先進的捕撈技術把魚捕光。

我聽過這樣一個極端的例子：加拿大的一個漁場，最後規定每年休漁三百六十四天，只有一天可以捕撈，可就在這一天，漁民們還是把魚捕光了。

第二個辦法是私有化。就算實施私有化，通常情況下也不能讓一家漁民擁有整個漁場，而是要將漁場分給幾家漁民。每家的年度配額會規定能捕撈什麼魚，能捕撈多少，包括只能捕撈大魚，不能捕撈小魚等。可是在這種擁有者自己監督的情況下，誰來監管他們對配額的執行情況呢？

所以捕魚問題最後總要落實到最後的辦法，也就是最讓自由論者反感的政府監管。但政府也很難監管。有句話叫「上有政策，下有對策」，政府沒有能力監督每一條船，一般也就是讓各家漁民自己報數而已。可想而知，漁民會謊報捕撈數量。

我聽過一個比較新穎的辦法，是讓漁民和政府之外的「第四方」參與監管。這個第四方是沒有執法權的統計機構，比如美國政府要進行人口普查，但是擔心非法移民躲避普查，就規定統計部門只負責統計而不執法，而且不能把資訊和移民局共享。

用這樣的方法至少能得到一個真實的總數，就算不知道哪家漁民違規捕撈了，只要監管者知道捕撈的總數，就能對這片海域做到心裡有數；實在不行，至少還可以強制休漁。

監管也許是很多人心目中沒有辦法的辦法，但是監管也可以做得很高級。

寬嚴皆誤

美國政府的環保部門在過去幾十年有個解決共有財悲歌問題的新思路——監管要與企業合作。㉕

過去環保部門要監管各企業的汙染物排放情況，都要親自使用技術手段檢測。政府沒有足夠的人力、物力，只能進行抽檢，而抽檢的比例連一%都不到，可以說是高成本、低效率。不但如此，環保部門和企業之間還是尖銳對立的關係，動不動就要打官司，苦不堪言。

這個新思路要求政府授權企業，讓企業自查排放多少汙染物，是否違反了規定，自己向政府報告，自己主動調整。而作為回報，只要是企業自己上報的違規行為，政府就不進行處罰。

但這其實是一個政府和企業之間的囚徒困境。理想的局面是企業自覺，政府寬鬆，雙方合作；現實的局面是企業想作弊，政府想嚴懲，雙方都有不合作的衝動。

那怎樣才能合作呢？我們可以設法破解這個囚徒困境。

比如可以實施重複賽局。監管是長期的，對於長時間內持續表現好的企業，政府可以給予更高的信任度，讓它們免於檢測。企業踏踏實實生產，政府也輕鬆了。

還可以進行承諾。政府可以單方面承諾，表示凡是企業主動報告的違規行為，一律都不加重處罰。企業也可以聯合起來給政府一個承諾，表示自願加入自我監管計畫，會在工廠內部設立專門的環保管理者，會自己管理自己。

美國環保部門的實踐證明，監管者和被監管者的合作關係是有可能達成的。

老百姓和經濟學家對「政府」往往有截然不同的情緒。老百姓心目中的政府是個本來應該「萬能」，可是常常「不能」的機制；什麼都想指望政府，又常常指望不上。而經濟學家最擁護的力量不是政府，是市場。有些市場基本教義派的經濟學家甚至認為任何政府監管都是不好的。

可是從賽局理論的角度出發，我們並不認為政府是個特殊的存在。根據不同的具體情況，政府只是幾個可能監管者中的一個。而且因為執法有成本，政府的監管力量也很有限。

更高段的看法是，你應該把政府也當作一個參與者，而且政府也應該把自己視為一個參與者。既然是參加賽局的參與者，政府也需要賽局理論。

問與答

Q **讀者提問：**

如何保證統計部門這個第四方監管機構公平正確？沒有激勵，要是它也偷懶，怎麼辦？

Q **讀者提問：**

如果監管機構也作為賽局參與者的話，那它又需要另一個監管層級來監管，這不就遞迴了嗎？

A **萬維鋼：**這個問題是中國皇帝經常面臨的困境，也可以說是專制統治的根本困境。派官員管理人民，可是官員會腐敗，所以必須設立一個專門監督官員的機構。這個監督機構自己也會腐敗，所以必須再設立一個監督和制衡這個監督機構的機構。就好比明朝只有錦衣衛還不夠，還得有東廠；有東廠不行，還得再設立個西廠。在皇帝眼中，靠得住的只有太監，因為太監沒有後代，等於沒有自己的長期利益，必須對皇帝忠誠。

造成這個遞迴的技術原因在於監督都是單向箭頭，每一方只要向監督他的一方負責。單向的監督只能往前，無法回頭，最後只好進行一些「忠誠」之類的思想教育。

現代社會早就破解了這個遞迴，因為現代社會擁有多向箭頭，而且還是多元的權力格局。民眾和社會團體可以監督政府機構，社會機構和政府機構可以互相監督。於是這個結構就不像以前只是一棵樹，而是一張網。一棵樹上的每個單位都隸屬於它的上級，必須對上級負責；而一張網上的每個單位相對是平等的，自己對自己負責。

在現代社會，很多統計、評鑑和監督是由獨立於政府的社會機構，甚至是私人機構完成的。比如標準普爾（Standard & Poor's）公司評價金融機構，蓋洛普（Gallup）公司進行各種民意測驗，它們並不是作為一個工具去完成誰的任務，它們做這些事的目的可以說就是為了繼續做這些事——它們的價值是自己的信譽，而不是得出對誰有利的結論。

當然，世界上沒有絕對完美的體制，私人統計機構也有可能腐敗。但是在一個由眾多參與者組成的社會裡，人人為自己負責，而不是被誰管著，社會規範和道德水準可以是比較好的。

第 8 章

先下手為強

動態賽局的本質不是輪流出招，
而是你可以改變遊戲的規則。
每次行動之後，
留給對方的都是不一樣的賽局局面。

前文中，我們一直在說如何達成合作，但賽局的出發點可不是合作，而是爭奪。學習賽局理論不是為了樹立「合作意識」，變成愛好和平的小白兔，而是為了研究怎麼迫使別人「合作」。也就是說，賽局的目標是讓別人按照你的意志行事。

接下來，我們將進入「動態賽局」。

動態賽局的特點是參與者出手有先後次序，我走一步，你走一步，就好像下棋一樣。一般情況下，介紹賽局理論的教科書講到動態賽局都得要畫「決策樹」，決策者每走一步都要先想好對方會怎麼應對，考慮為了得到想要的結果最初應該怎麼辦，這是「向前展望，向後推導」。

不過，在我看來，**動態賽局的本質不是輪流出招，而是你可以改變遊戲的規則**。每次行動之後，留給對方的都是不一樣的賽局局面，都是一個新的遊戲。有出手權，是十分難得且可能稍縱即逝的機會。

既成的事實

有個經典的賽局局面，叫「小雞賽局」（The Game of Chicken），又稱「膽小鬼賽局」，意思是比比看誰膽小。遊戲規則是在一條筆直的公路上，甲、乙兩個人各自開一輛車相向而行，眼看就要撞在一起了，誰先轉方向盤靠邊，誰就是膽小鬼，誰就是小雞。

當然，雙方一定都不想死，轉動方向盤是必然的，問題就在於誰先轉。賽局理論專家的建議是，如果你在這場賽局中想贏，你可以當著對手的面，把自己這輛車的方向盤卸除。這個動作明確告訴對方你肯定不會轉方向盤——你的車已經沒有方向盤了，只能走直線。那麼現在兩輛車會不會相撞就完全取決於對方。只要對方不想死——你知道他一定不想死——他就只能轉方向盤，這樣你就贏了。

你透過自己的行動改變了遊戲規則。本來的遊戲規則是兩個人都可以選擇當小雞或是死，而你把規則改成了只有對手能做這個選擇。你放棄了自己的選項，但把當小雞的唯一可能性交給了對方。

小雞賽局是個相當常見的局面。只要你能確定對手的底線，那麼先發制人，造成既成事實，就能逼迫對手就範。

舉個簡單的例子。一對青年男女想結婚，可是父母堅決反對，怎麼辦呢？他們可以強行結婚，使結婚成為既成事實，甚至女方已經懷孕了。面對這個既成事實，哪怕父母再不滿意，他們的理性選擇也只能接受，而不是再去拆散這對夫婦。就算當時不接受，過段時間，找個臺階也就接受了。

英文中有句格言，意思是與其事先請求允許，不如事後請求原諒。如果你算準自己做了這件事是讓對方也拿你沒辦法的，那就應該直接做。

比如北韓的核子試驗。國際社會號稱堅決反對北韓進行核子試驗，但是北韓根本沒把警告當回事，不但堂而皇之地進行了核子試驗，而且進行了好幾次。每次核子試驗之後國際社會都要指責北韓，但是又能怎麼樣呢？美國求著北韓「棄核」，等待北韓的將是一大筆國際援助。現在誰是小雞？

所以先發真能制人。但如果對方先發了，我方就一點辦法都沒有了嗎？也不是沒辦法，但是這個辦法非常危險。

危險的邊緣

古巴導彈危機就是個典型例子。一九五九年，美國在義大利和土耳其部署了攜帶核彈頭的中程導彈瞄準蘇聯。一九六二年，當時的蘇聯領導者赫魯雪夫（N. S. Khrushchev）下令在古巴部署更大規模的攜帶核彈頭的中程導彈，等於直接在美國家門口威脅美國。當時的美國總統甘迺迪（Jack Kennedy）不當小雞，選擇硬碰硬。同年十月二十二日，甘迺迪宣布對古巴進行海上封鎖。

接下來，雙方的做法是讓危機不斷升級。美國進行海上封鎖，蘇聯就要派艦隊進出；蘇聯派出艦隊，美國就要登船檢查；接著蘇聯又派出攻擊型核潛艇，美國則逼迫核潛艇上浮。雙方你來我往，蘇聯的一個核潛艇指揮官甚至已經決定發射核武器，幸虧在關鍵時刻冷靜下來。

賽局理論專家湯瑪斯・謝林把這個策略叫作「Brinkmanship」，一般翻譯為

「邊緣政策」。不過在我看來，這應該作「懸崖策略」，意思是我們兩個都站在懸崖邊上，你不服，我就把你再往前推一步。我推你的過程中你也拉著我，要死一起死。我們腳下的土質已經鬆動了，還打滑，可能再進一步兩人都得摔下去，但是接下來我們又往前走了一步。

懸崖策略是動態進行的小雞遊戲。你敢拆方向盤，我就敢加速，直到有一方讓步為止。層層加碼比一步到位好，因為一步就越過心理底線會讓人覺得你的威脅不可信，而有時候你不試探也不知道對方的心理底線在哪裡。

假設你與我是兩個黑幫的老大，在一間餐館裡吃飯談生意。你提了個建議，我說不行，你就突然拿槍指著我。我的手下馬上行動，有五把槍指向了你。下一秒鐘，從外面進來二十個你的人馬，拿槍指著我和我的手下。

這樣的行為有什麼意義？既然大家都不想死，為什麼不一開始就服軟呢？這是因為「先升級，再服軟」就不算是小雞了。我們都證明了自己的勇敢，雙方都推動了危機升級，這時候只要有個臺階，我們談判解決，各退一步，都不算丟臉。

我們知道，古巴導彈危機最終是和平解決了。蘇聯撤了放在古巴的導彈，美國也撤了放在土耳其和義大利的導彈。雙方都堅持了原則，保全了顏面，雙方都可以宣稱下次對方再也不敢了。

事實上也真不敢了。因為懸崖策略非常危險，它很容易因為出錯而變成真的災難。比如前述黑幫老大的例子，房間裡那麼多人都舉著槍，萬一哪個小弟手一抖，擦槍走火了，馬上就會導致一場槍戰，大家都得死。

美國前總統川普（Donald Trump）和眾議院議長裴洛西（Nancy Pelosi）就在玩這個邊緣遊戲。川普說一定要修邊境牆，裴洛西表示一定不核發修牆的預算；川普說若眾議院不給，我就不批准政府預算，讓聯邦政府停擺；裴洛西說停擺就停擺，結果聯邦政府真停擺了。雙方你來我往，川普也知道政府停擺會造成巨大損失，最終批准了政府預算，但是留了個後手：宣布國家進入緊急狀態，動用其他政府資金修牆。之後，川普將面臨反對者向最高法院提出的訴訟。

不管這件事的結局如何，至少雙方都沒有示弱，他們在選民面前的形象都保住了。

當然，邊緣遊戲其實很不好玩，它的危險性實在太大了。實際上，讓對方先出手就已經錯了，最好的辦法是給對方一個威懾，讓對方根本不敢出手。

什麼是威懾？

什麼是威懾？美國前國務卿季辛吉（Henry Kissinger）說過一句話：「威懾有三個要素：實力、決心和讓對手知道。」

第一，我有實力摧毀你。

第二，我有決心摧毀你。

第三，你得知道我有實力和決心摧毀你。

從賽局理論的角度來看，威懾還有十分重要的一點，那就是雙方都不想被摧毀，雙方都得是充分理性的才行。

美國和蘇聯在冷戰期間的核武平衡就是這樣的威懾。核武平衡的機制叫作「相互保證毀滅」（Mutual Assured Destruction）。

不管是誰先動手，只要一方動手，就一定會摧毀另一方。當然，這種情況雙方心裡都清楚，如果打核武戰爭，兩方都會被毀滅，所以乾脆別動手。這就是核武威懾。

這個機制可不是說說這麼簡單。在美蘇冷戰的例子中，「有實力」就意味著一方必須擁有且部署夠多的戰略導彈，哪怕對方先動手，也能確保在遭受第一輪打擊後，手裡還有足夠的反擊力量將對方的國家毀滅。

但是只有實力而沒有決心也不行。蘇聯完全可以這麼想：我先發制人，先用核武摧毀美軍的一個艦隊，難道美國就會對我進行全面的核武攻擊嗎？那種情況下，美國的理性選擇仍然是不要打滅國戰爭，沒必要因為損失了一支艦隊就賠上整個人類文明啊！因此，所謂的「有決心」，就是美國絕對不能允許蘇聯這麼想。所以美國訂定了一個極其武斷的核戰政策——發動核戰不需要經過國會討論批准。總統隨身攜帶核按鈕，只要總統和國防部長兩個人同意，可以立即動手。

這是一個非常不穩定的政策，但只有這樣才能讓對手相信你的決心。核武威懾真是恐怖平衡啊！

威懾在日常生活中也有應用。在〈布衣競爭，權貴合謀〉一文中提到避免價格戰的例子——一個商家降價，另一個就立即降價，商家甚至還會提前把「買貴退差價」的政策公布出去，這其實就是威懾。有實力，有決心，讓對手知道，對手就真的不會降價。

賽局通常都不是溫情脈脈的，你出手就等於露出了獠牙。不過更常見的做法是不要把局面搞那麼僵，給對手一個口頭上的威脅或者承諾，效果會更好。

問與答

Q

讀者提問：

我想起了十年前的一個故事。那時我剛進一家雜誌社工作，正巧趕上老闆實施薪資改革，從原來的固定薪資改為按件計酬。編輯們按新制度算了算，發現如果維持原來的工作量，每個人的薪資都會略微減少，大家無形中被降了薪。於是聯合起來抵制改革，並寫了聯名辭職信，若要改革則集體辭職。很可惜，劇情沒有按預想的方向發展，雙方也沒有坐下來談判，老闆只說絕不接受下屬的要脅，居然全部批准辭職。最後編輯們丟了工作，這本雜誌也從此走向沒落。

我可不可以把這件事的雙方看作是玩了一場「誰是小雞」的遊戲呢？編輯這一方算是主動拆下了方向盤，最終還是兩車相撞。會出現這種結局，是因為預期結果不夠慘烈，所以都不願意丟了顏面嗎？對於這件事，有沒有更好的解決辦法？

A **萬維鋼：**

這是一個非常有意思的故事。有些關鍵的細節我不知道，比如當時這個老闆到底有多在意雜誌的興旺？他本人在其中有沒有直接的利益？或是編輯們的工作在多少程度上是可替代的？編輯是不是早就想走了？所以我們沒辦法評估這個結局對雙方來說有多麼不可接受。

還有，這個賽局的主要矛盾是什麼？老闆想要的到底是改革分配方式，還是降低編輯的薪水？如果是想改革，那為什麼不把報酬提高一點，讓大家的收入水準至少和以前一樣呢？又按理說，報酬應該比以前更高，才有推動改革的積極性。而如果是為了減薪，那對不起，批准辭職是非常合理的做法。

單純從賽局理論角度來說，編輯一方不應該直接拆方向盤。懸崖策略的要點在於逐步提高危險，你移動一步後，也給對方移動一步的機會，在讓衝突升級的同時，還保留談判的可能性。

先與老闆談判，說改革可以，但是報酬標準需要提高；不行，那就明確表示反對改革；還不行，就以休假的名義罷工；再不行，口頭提出辭職；仍然不行，書面正式辭職，但是不翻臉。整個過程中不但不讓步，而且還每一次都比上一次強硬，這是逐步的升級，不一次談完，分幾輪談，磨而不破。與此同時，換個人或者透過第三方，私下與對方溝通——要讓步，必須雙方同時讓步。工會鬥爭沒有一上來就說辭職的，都是邊罷工邊談。

我有個同學辭職了。他在一家金融公司身居高位，現在情勢不好，公司要調降他的薪水，他不同意，談判之後決定辭職。但是辭職歸辭職，雙方並沒有翻臉，公司給了他一筆補償，而他保證不損害公司的利益。不合作，也不等於變成敵人，純粹是就事論事。理性之人對理性之人，這不挺好嗎？

Q **讀者提問：**

如果碰到不要命的怎麼辦？就是要以「死」相搏，所謂光腳的不怕穿鞋的，最佳策略是否是讓步呢？

A **萬維鋼：**

的確是這樣。賽局理論的前提是雙方都是理性的。如果一方不理性，那麼有兩種情況。如果另一方不知道他是不理性地出招，那麼不理性的一方最終會損失重大，可能就沒命了，可是理性的一方也會遭受損失。而如果理性的一方知道對方不理性，那為了避免自己受害，就會選擇讓步。

所以，做出不理性的樣子，讓對方知道自己是不理性的，這對自己有好處。理性之人可能會假裝不理性。這就是為什麼有些人會在公共場合搞哭鬧，好像不管不顧一樣。

怎麼對付這樣的人呢？你應該假定對方是理性的。分析利益格局，如果不是真的已經家破人亡、身患絕症，或喪失了所有活下去的理由，這個人為什麼不要命了？「鬧」，多半都是故意的。

我們可以借鑑美國一個機場管理人員對鬧事者的處理手段。要點在於你首先要讓對方平靜下來。要求他必須降低音量、小聲說話。你告訴他，有什麼訴求可以談，但是你必須好好說話，若哭鬧則不與你談。這是既給壓力又給出路。讓對方明白「鬧」是沒用的。

對方一旦平靜下來，他就進入理性狀態了，或者說他就暴露了他是個理性之人。這時候再談，你就不會吃他不理性的虧了。這個辦法就是要先說破，並且否定對方的不理性。我曾親眼見過，這一招很有效。

第9章

其身不正，雖令不從

不可信的威脅和承諾，

就算說了也是白說。

可信，等於別無選擇。

賽局的出發點是做一個參與者，是每個參與者競相採取對自己最有利的行動。生活中有些人自以為有權力，別人就該聽他的，他就該令行禁止、說一不二，這就是沒把別人當參與者。殊不知，就算你名義上的權力再大，別人聽不聽你的，也要看賽局的情況。

假設你是家長，你想讓孩子做一份課外的數學練習題。因為這不是老師派發的作業，不屬於分內的任務，孩子不想做，那怎麼讓孩子聽你的話呢？也許你可以給孩子一個承諾，告訴孩子做完練習就能打一下子電動。這個條件似乎公平合理，但是很多時候孩子仍然不樂意。因為他不知道該不該相信你的承諾，畢竟你以前說話經常不算數。

類似的事例相當常見。每家商店都可以承諾絕對沒有假貨，每位考生都可以承諾絕不作弊，每對情侶都可以承諾永不變心，而每個人都知道根本不能把這些誓言當真。

空口說出承諾或威脅要是有用，還要槍桿做什麼？但是反過來說，如果我們能找到一些辦法，讓我們的說法真的有用，是不是會省下很多麻煩呢？怎樣才能讓你所說的話真的有用呢？

這可是諾貝爾獎得主湯瑪斯．謝林的招牌絕活。

威脅和承諾

動態賽局有兩個基本概念，一個是威脅，一個是承諾。人類自古以來就有威脅和承諾的手段，但是運用清晰的邏輯把這兩個手段說清楚的，還是湯瑪斯．謝林一九六〇年出版的《入世賽局》這本書。

威脅和承諾都是在賽局雙方沒有採取實質行動之前，某一方通知另一方的聲明。所謂威脅，就是我要求你別做某件事——如果你做了，我就會對你進行懲罰。所謂承諾，就是我要求你去做某件事——如果你做了，我就會給你一個獎勵。

威脅和承諾在本質上是一樣的，都是我事先說好，會根據你下一步的行動採取某個相應的行動。這聽起來與大眾平時說的威脅和承諾是同一個意思，但是湯瑪斯・謝林提出了一個關鍵的概念，即「可信性」。賽局理論專家首要考慮的是這個威脅或者承諾是否可信。

張維迎在《博弈與社會》這本書裡舉了一個例子：在大學的一次考試中，有個學生的成績按理說應該不及格，但是這個學生私下找到教授，對著教授說：「你能不能網開一面讓我及格？你要是讓我不及格，我就要報復你，我什麼事都可能做得出來！」顯然，這是一個威脅。請問教授應該怎麼辦？

賽局理論要求我們首先考察威脅的可信性。如果教授不讓他及格，那麼當這個學生面對「不及格」這個既成事實的時候，真的會報復教授嗎？不報復，因為這不過是一門課不及格而已。學生報復老師屬於嚴重違紀，輕則被學校開除，重則被法律懲處。如果這個學生是理性之人，他怎麼可能因為一門課不及格就敢報復老師？所以他的威脅是不可信的。

賽局理論說的可信與不可信，不是分析學生的人品怎麼樣，或者判斷他說話的語氣像不像說謊。**賽局理論要做的是設身處地的利弊分析。不可信，是因為「事前最優」和「事後最優」不一致。**

教授打分數之前，學生表示「要是你不讓我及格，我就要報復你」，他也許真的很想這麼做，但這只是事前最優。等到分數已經確定，不及格是既成事實的情況下，學生的最優選擇是接受結果，不報復，因為報復不符合學生在那個情況下的自身利益。

對頭腦清醒的人來說，只有可信的威脅和承諾才有意義。[26]

再舉個例子：有位老人的女兒想要嫁給一位青年，但是老人不同意，威脅女兒說要是敢和這個人結婚，就要和她斷絕父女關係。

女兒完全可以先分析這個威脅是否可信：自己的父親和青年男友之間並沒有根本性的衝突，如果結婚已為既成事實，斷絕父女關係並不符合父親的利益。所以這個威脅是不可信的。

那老人應該怎麼辦呢？難道要去買一本叫《如何說孩子才會聽》的暢銷書嗎？這是沒用的。所謂說服力、影響力，一般都是動之以情，只在聽與不聽都對自身利益影響不大的情況下才有用處。就像百事可樂和可口可樂的味道差不多，共和黨與民主黨誰上臺對中間選民來說都無所謂，這時誰更有說服力、影響力，誰就會獲得更多青睞。賽局理論研究的決策選擇不是這種加強情緒的技術，而是由利益格局所決定的事情。

為了吸引一個很有潛力的年輕球員簽約，俱樂部表示：「只要你加入我們的球隊，我們保證你的出場時間。」如果球員的頭腦清醒，他就不該相信這個承諾。因為保證他上場，並不符合球隊的利益。符合球隊利益的情況只可能是「誰狀態好，就誰上場」。

不可信的威脅和承諾，就算說了也是白說，只會讓人覺得你這個人並不可靠。但是可信的威脅和承諾則非常有用。

如何說，別人才會聽？

可信與不可信，取決於事後的利益格局。只有事後別無選擇，履行自己的威脅或承諾確實符合你在那個時候的利益，事前最優和事後最優一致時，那才是可信的。

換句話說，**可信，等於別無選擇**。

為了發出可信的威脅或承諾，你必須主動束縛自己的手腳。對此，我將之歸納成三種辦法。

第一種辦法，是給別人懲罰你的權力。

商業往來中，最常見的辦法是簽合約。甲方供貨給乙方，乙方承諾給甲方貨款。那甲方怎麼能相信乙方收到貨之後一定會付錢呢？因為有合約。如果違約，乙方面臨的將是更大數目的罰款。所以即便是交貨後，履行承諾也符合乙方的最優利益。

鍛鍊身體這件事，本質上是現在的你和將來的你之間的賽局。現在的你立志說：「我從此之後每天都要鍛鍊身體，一定要把體重降下來！」可是將來的你會找到各種藉口不鍛鍊。想要讓鍛鍊的承諾可信，你可以找個朋友，甚至找個機構，交出一大筆錢，告訴你的朋友或這個機構：「如果半年之後，我的體重沒有下降十公斤，這筆錢就歸你了。」這筆錢將會大大增加你鍛鍊的動力。

曾經有一位經濟學家和他的同事訂下這樣的金錢協定，最後他真的收了朋友一萬五千美元。

對愛情最好的承諾，是結婚。現代婚姻具有法律效力，離婚得要分割財產。第二種辦法，是主動取消自己的選項。

傳統叫作「破釜沉舟」，英文的說法則是「燒掉你身後的橋」。意思是我取消「撤退」這個選項，我們現在只能前進。這比什麼動員或演說都有用。

反過來說，你減少自己一方選項的同時，還可以給對手一方增加選項。《孫子兵法》中有句話叫「圍師必闕」，意思是包圍敵人時最好要留個出口，讓敵人有逃跑的選項。這不是陰謀，而是陽謀。因為有逃跑的選項，敵人就不會困獸猶鬥，我方就能用最小的代價取得勝利。

帶兵在外的將領主動切斷與總部的聯絡，店家宣布「買貴退差價」政策，廠商發行限量版的產品，乃至於結婚要送鑽戒，尤其過去結婚還要送聘禮，婚禮要廣邀親朋好友大辦特辦等，都可以說是用取消自己未來選項的方式提供可信性。

張維迎還說過一個有意思的現象：為什麼一個畫家死了，他的作品就會升值呢？因為這是一個最有力的承諾，他將來不會再推出新作品和自己現有的作品競爭了。

第三種辦法，是建立聲望。

如果你是個有信譽的人，那麼就算你不提供任何附加動作，你說的話也是可信的。因為如果你說話不算數，你的名聲會受損。

孔子說：「其身正，不令而行；其身不正，雖令不從。」而「聲望」最大的好處，是它允許你無須花費任何成本就能提出可信的威脅和承諾。要是聲望受損，就是對你失信最大的懲罰。

而聲望需要累積，累積聲望的過程是個處處受限、不自由的過程。如果你沒有聲望，那就只能用前述所說的那些辦法。

賽局理論的遊戲

總而言之，所有的方法都是透過自我限制來提升自己的可信性。可信的人非常有力量；他說話，別人就聽。這也可以說是「自由來自於自律」，有一種擊敗叫放任，有一種賦能叫失能。

其實這是個有點違反人的本性的做法，人在直覺上都是想增加自己的選項，不願意給自己戴個緊箍。如果我現在要權便有權，要錢便有錢，為什麼要主動找一幫人管著我呢？

實行民主的政府，其實有更大的力量。比如發行公債，只有在制度能保證政府如果違約就會受到懲罰的情況下，人民才願意借錢給政府。政府可能受到的懲罰愈大，它的融資能力就愈強。所以英國在光榮革命之後的國債規模愈來愈大，這也保證了英國打贏歷次戰爭。

可是像沙烏地阿拉伯這樣的政府，對人民一貫都是「不問你信不信，就問你服不服」的態度，為什麼力量好像也很大呢？

按照賽局理論的邏輯，答案也許是這樣：一般政府之所以要自縛手腳，是為了取信於民。政府之所以要取信於民，是因為它把自己當作參與者，在和民眾玩一個賽局的遊戲。政府之所以要玩這個遊戲，是因為民眾有想法，有力量，是個可以獨立自主地決定自己採取什麼行動的參與者。

而沙烏地阿拉伯政府的收入來源是對石油的掌控，這個政府並不強烈依賴人民。認為民眾是一盤散沙，也沒有王室之外、強而有力的公司和組織，不具備與政府對等賽局的力量。因此，沙烏地阿拉伯政府根本不需要取信於民，他們之間不存在賽局遊戲。

所以追根究柢，賽局理論是屬於參與者的理論。

問與答

Q

讀者提問：

大街上常有很多環保口號，我認為是錯誤的，比如「愛護衛生從我做起」。根據賽局理論，不管我亂不亂丟垃圾，總有人會亂丟垃圾，每個人都這麼想，每個人都可能亂丟垃圾，那麼街上就應該有很多垃圾。既然有很多垃圾，就不差我再多丟的這份垃圾，所以我還是很可能會丟垃圾。因此這句話起不到半點教育作用。請問這種推理對嗎？

A 萬維鋼：

非常有道理。以前人們做過實驗，比如在大學裡宣傳酗酒的壞處，說每年有多少大學生死於酗酒，結果造成學生們認為酗酒是個普遍現象，酗酒的人反而更多了。

再比如有些地方的牆上寫著「此處不許隨地小便」，人們反而認為這就是個隨地小便的地方。

有些行為經濟學家認為應該改變宣傳語，改成類似「真正的某地人都不亂丟垃圾！」這種激發地區榮譽感的說法。

但是維護環境衛生哪有那麼容易。真正解決問題的辦法是投入人力、物力，讓環境變得更佳。因為在已經很髒的地方丟垃圾毫無心理壓力。但若某個地方明明很乾淨，要做第一個丟垃圾的人，是非常不容易的。把流著汙水的土路鋪上漂亮的地磚，每天清洗，才是解決城市衛生的根本辦法。

Q **讀者提問：**

賽局是個動態的過程，但在任何一個時刻，賽局各方的最優策略都是確定的。這對理性的人來說，不就是從一開始就確定了賽局的最終結果嗎？既然這樣，為何還需要賽局呢？

A **萬維鋼：**

賽局是發生在納許均衡達成之前。如果現在的局面已經是均衡的了，那的確就沒什麼可作為賽局的了。事實上我們生活中大部分事情都是均衡的，我們並沒有一天到晚與人進行賽局。

但是均衡隨時都有可能會被打破。比如某一個部門的權力格局本來是均衡的，這時候突然空降了一個經理，或者突然有個主管退休了，原本的均衡就會被打破。

在理想情況下，新的局面剛剛出現，所有相關資訊就已經被各方參與者知曉，各方迅速計算出新的均衡點，那就會非常平穩地過渡。表面上來看，並沒有什麼賽局動作，但這其實也是賽局，了解自己的位置就是賽局的結果。

如果有很多資訊不明確，各方就會採取一些試探性的動作，包括威脅和承諾、討價還價，這些都是賽局。只不過大多數情況下，賽局都展現在談判上，不必大動干戈。

聰明人真沒必要大動干戈。有句話是「智者先勝而後求戰，闇者先戰而後求勝」。聰明人在頭腦裡模擬戰爭，就足夠了。

但是聰明人也要做出各種賽局行動。比如你考取了一張關鍵的證書，這就增加了你的賽局籌碼，別人得重新為你安排職位。可是如果你沒有證書，別人不會先安排你的職位。如果這個職位只有一個位置，先有證書的人可就把位置搶走了。

此刻並不對外打仗的國家，仍然要有備戰的行動。不能說人民天生勤勞勇敢，隨時可以成立一支強大的軍隊，所以各方勢力不要欺負我們。要知道，成立軍隊需要時間。已經有軍隊是一種賽局，沒有軍隊就是另一種賽局。

有些聰明人會不自覺地把「我能」當成「我有」，以至於就不屑去做這件事了。其實「能不能」和「有沒有」是兩回事。

先發制人，其實就是要把我們的「能」變成「有」，把對手的「能」變成「不能」。

不過未必所有局面都是先發有利，有時候後發反而有好處。

第 10 章

後發優勢的邏輯

「創新」本質上是一場賭博。
先發者暴露資訊，
後發者利用資訊。

在前一章介紹了先發制人的好處，但是生活中也經常有「後發優勢」的說法。那到底什麼時候應該先發，什麼時候應該後發？

人們通常都是力爭先發的。你首先採取行動，造成既成事實，會讓對手居於被動。

先發的品牌可以統治，甚至定義一種產品。以前人們曾經將所有隨身聽設備稱為「Walkman」。於機場過安全檢查時，工作人員不大會說把「平板電腦」從包裡拿出來，而是請你把「iPad」拿出來。

也許現在就有很多人，不把用手機看短影片叫「看影片」，而是稱「看抖音」；不把用手機聽課叫「聽課」，而是稱「聽得到」……這是因為如果某個地方的資源就只有這麼多，顯然是先到先得。先發者搶占技術專利和標準，搶占市場份額，甚至搶占消費者的觀念。

如果先發有這麼大的優勢，別人又怎麼能後來居上呢？

後發優勢又是什麼呢？

後發者優勢的賽局

先說一個最簡單的賽局遊戲。[27]甲、乙兩人手裡各自拿著一枚硬幣，輪流把硬幣擺在桌上。遊戲規則是如果兩枚硬幣是同一面朝上，則甲勝；如果兩枚硬幣是不同的面朝上，則乙勝。

這個遊戲顯然是誰後出手，誰就會贏。甲要是先出手，不管他擺正面還是反面，乙總可以擺與他相反的一面，反之亦然。

像五子棋和不貼目（在終局計算時，不予後手補貼）的圍棋比賽中，先走的一方有很大優勢，但是也有一些項目是後走的一方有優勢。比如德州撲克就是個典型的後發優勢遊戲。[28]

在德州撲克中，一把牌的每一輪都是從發牌的人開始，按照逆時針的順序讓每位玩家依次決定是否下注。玩家對自己的位置非常敏感。先加注的位置是不好的，因為這個位置的玩家完全不知道別人手裡牌的好壞，面臨很大的不確定性。後下注的位置則具有資訊優勢。如果前面有人加注，那他手裡很可能是好牌。甚至有些情況下，前面的人感覺自己的牌不好，還可能直接蓋牌表示放棄這一局，後面位置的玩家坐著不動就贏了。

先下注的打法是防守，後下注的打法是進攻。同樣的兩張牌，如果玩家的位置靠前就不一定是好牌，可能選擇蓋牌退出；而如果玩家的位置靠後，很可能主動加注。

德州撲克是個關於資訊的遊戲，這個道理與硬幣賽局是一致的——**先發者暴露資訊，後發者利用資訊**。

領先者應該模仿

這裡說的先發和後發，是指面對同一個局面誰先採取行動。有時候局面的領先者反而會選擇後發。一個著名的例子是美洲盃帆船賽上真實發生過的故事。[29]比賽總是兩條船之間進行競爭，要比很多輪。其中一輪的一開始是美國隊領先，它的對手澳洲隊決定冒個險。

帆船比賽受風的影響很大，而海上同樣一個航道，左側和右側的風都可能不一樣。澳洲隊從航道右側換到了左側，希望能遇到更有利的風向。

帆船界的標準操作，是領先者模仿落後者。落後者無論變到航道的哪一側，領先者就應該跟著過去，這樣兩者的風向相同，可以保證領先者一直處於領先地位。落後者不得不先採取行動，領先者要後發跟隨。

可是美國隊的隊長不知道是怎麼想的，竟然沒有下令跟過去。結果澳洲隊的運氣果然好，左側的風幫他們後來居上，美國隊痛失比賽。

這個道理是如果你已經領先，就不要主動冒險了。應該讓落後者先發起不確定性。畢竟若落後者不改變打法，就一點機會都沒有；落後者想贏，就必須冒險，而領先者只需跟隨就行。

占據市場主導地位的大公司通常不願意先做一些特別激進的創新，它們覺得維持現狀就好，無須折騰。激進的創新往往是小公司發起的。而面對激進的小公司，大公司如果覺得它的新打法可能會威脅到自己，其實也很容易應對。

一個辦法是乾脆收購這家小公司，好比臉書（Facebook）就是這麼做。

Instagram 是個新打法嗎？WhatsApp 是下一個臉書嗎？直接收購它們就行了。

還有一個辦法是直接模仿小公司。如果這個新打法這麼好，作為擁有更多人力、財力和忠實顧客的大公司，它們一出手，就沒小公司的事了。

這是一個讓小公司非常難受的賽局局面——不創新，就一點機會都沒有。生活中也是這樣，如果一家有兩個孩子，老大通常比較穩重，老二常常比較叛逆。這是因為老大是既得利益的領先者，無須創新。老二要是不激進一點，就沒有存在感，得生活在老大的陰影之下。

可是小公司創新，又可能被大公司模仿，造成領先者具有後發優勢的局面。按照這樣的邏輯，領先者豈不是穩贏了嗎？落後者如何才能後來居上？

模仿和創新

落後者作為上一輪的後發者，其實也有模仿的條件。

主動創新是有風險的，因為你根本不知道這個技術可不可行，不知道產品做出來會是什麼樣，不知道到時候消費者能不能接受這樣的服務，面對的不確定性太多了。創新本質上是一場賭博。投入巨大的人力、物力，最後可能什麼都得不到。

在二十世紀九〇年代初，那些活躍的第一代網路公司，現在基本上都死了。現在的臉書並不是第一個社交網站，亞馬遜也不是第一個在網上賣書的商店，Google更不是第一個搜尋引擎。先發者要是占不住市場，它的唯一價值就是給後發者提供寶貴資訊。

先發者暴露資訊，後發者利用資訊。這些資訊包括成功的經驗和失敗的教訓。後發者至少可以知道哪條路必定走不通，哪個方向有可能是正確的。後發者不必再做那麼多嘗試，先發者已經替他們交了學費。模仿一個技術比直接研發一個新技術要便宜得多。哪怕對手有專利保護，後發者借鑑先發者的思路總可以吧？

然而，落後者不能一直模仿下去，僅靠模仿不可能讓自己領先。這項條件確實可以讓人少走彎路，但最多只能做到和別人一樣而已。想要超越別人，必須得有領先者沒有的東西才行。

從這個基準點，再來看看後發優勢到底是什麼。

在前述的硬幣賽局中，僅僅知道先發者擺的是哪一面還不夠，關鍵在於到了這一輪，後發者有權選擇擺出相同或相反的一面——後發者擁有這個主動權，而先發者沒有。

德州撲克也是如此。後發者不但比先發者更了解場上的形勢，而且在後發者還有出手權的時候，先發者已經沒有出手權了。

因此，**後發優勢等於「先發者的資訊」加上「後發者的出手權」**。資訊是模仿機會，出手權是創新機會。

我們看看中國在經濟成長中的出手權是怎麼用的。

首先，中國有個外國公司無法輕易進入的巨大市場。哪怕中國加入了世界貿易組織，在很大程度上開放了市場，外國公司也不容易進入。這是因為中國有自己獨特的文化和消費習慣。在適應中國市場、了解中國消費者方面，中國公司占據了天生優勢。這是中國公司的一個出手權。

其次，中國有大量可產能的勞動者，也具備各項基礎設施，這是許多先進國家所沒有的。這是中國的另一個出手權。

最後，中國政府喜歡實施「產業政策」，也就是由政府出面，重點扶持某個產業。從後發優勢的視角來看，產業政策本身好不好，其實與國家在國際競爭中的相對位置有關。

如果國家現在是技術領先者，根本不知道下一個技術進步的方向在哪裡，那實施產業政策就是政府在亂花錢。但如果國家目前是技術落後者，明確知道先進技術的方向在哪裡，產業政策就是最快速的模仿方法。產業政策是有中國特色的模仿。

也許這些才是中國少走彎路，甚至形成彎道超車的真正後發優勢。先進國家作為領先者，為什麼不主動模仿中國特色的打法呢？答案是想模仿也模仿不了。某些出手權只有中國才有。

甚至在很多情況下，領先者就算有出手權，也不主動使用。成功的大公司是非常不願意做出戰略改變的。因為資源只有這麼多，如果要投到新方向，原來最賺錢的核心業務必然會受到傷害。它們會假裝那些新冒出來的小公司都成不了氣候，因為改變戰略是很難受的事情，所以那些大公司寧可眼睜睜但是舒服地讓出航道。

先發優勢在於占領，後發優勢則在於資訊和此時才有的出手權。如果先發者能占住優勢，後發者只能被迫創新，這時候，先發者的正確做法是模仿後發者——可是因為各種原因，先發者常常做不到。

學習前人經驗可以讓你少走彎路。但是如果你想贏，想超過前人，那就必須有一個前人沒有的超車動作才行。

正是因為在先發者和後發者的賽局中，誰也不能保證一直領先，這個世界的劇情才是你追我趕，讓競爭永遠進行下去。

Q **讀者提問：**

歷史上第一個造反的很少成功。這也算後發優勢的一種情況嗎？

A **萬維鋼：**

先發優勢的關鍵在於占領。造反要想成功，就必須占領權力的關鍵資源，比如槍和錢。歷史上大多數造反者都是「官逼民反」模式，是被動而不是主動，是突發而不是謀畫。時機不成熟，沒有強烈的占領能力和占領意識，結果犧牲了自己也只是把局面搞亂，給後人提供了資訊和出手權。

但如果時機合適，爭奪權力絕對是一件先下手為強的事情。所謂的「時機合適」，就是當前出現了權力的真空。可能是之前的領導人非常不得人心，被逼下臺了；也可能是領導人去世了，但沒安排好繼承人；也可能是烽煙四起，但各路造反者沒有公認的領袖。總而言之，在這個時刻，沒人掌控國家權力。

這時候速度就是一切。有好幾股勢力都在爭奪權力，誰能先搶到關鍵資源誰就勝出，而結局往往有很大的偶然性。布魯斯．梅斯吉塔和艾雷斯德．史密斯（Alastair Smith）所著的《獨裁者手冊》（*The Dictator's Handbook*）提出一個模型，說這就好比房間裡有一百個人，誰只要能先說服五個有槍的人支持自己，誰就能統治房間裡的所有人。

我們看中國歷史上爭奪皇位成功的人，比如明宣宗朱瞻基、清朝的雍正，雖然可以說在法理上占據正統繼承權，但是奪位成功的一個重要因素也是前任皇帝死亡的時候，他們各自的強力競爭對手（朱高煦和康熙的十四阿哥）恰好不在權力中心，給了他們寶貴的先發占領權。

對文明程度不發達的小國來說，爭權者只要率先占住槍和錢，就足以實現獨裁了。但是對於文明國家來說，名義和人的觀念也是需要占領的。如戊戌政變之後，慈禧曾經想要廢掉光緒皇帝，兩江總督劉坤一說了句：「君臣之義已定，中外之口難防。」就是說光緒皇帝已經占領了人們的認知，你可不能輕易動他。

這也好比一個沒有背景或特別能力的普通姑娘要是嫁給了霸道總裁，那就一定要多跟著總裁出席各種活動，要得到總裁的親友認可，要在董事會刷存在感，愈高調愈好。

第 11 章

真正的「詭道」是隨機性

想要真的迷惑對手，

必須把謊話和實話混合起來。

首章論述過《三十六計》不可靠的原因，那《孫子兵法》如何呢？

《孫子兵法》確實是本實實在在的用兵戰略總結。但《孫子兵法》並不神祕，它的思想，比如「知己知彼」、「國之大事」、「多算勝，少算不勝」、「君命有所不受」等，在今天看來都已經是常識性的認知。《孫子兵法》確實也包含了一些樸素的賽局思想，比如「圍師必闕」，就是在〈其身不正，雖令不從〉一文中提過的增加敵人的選項。

之所以說《孫子兵法》樸素，是因為現代賽局理論比它要高級得多。

比如《孫子兵法》中有這樣一段：「兵者，詭道也。故能而示之不能，用而示之不用……」它的意思很簡單，就是不能讓敵人知道你的戰術意圖，你要迷惑對手。

這個道理固然沒錯，但是「迷惑對手」這件事，得像這段敘述中所說的那樣，一直說反話嗎？

詭道的悖論

我上中學的時候喜歡踢足球，是一名守門員。雖然我的技術不怎麼樣，但是我知道一些理論：罰踢點球（在罰球點將球往前踢出）的時候，球到達球門只需要不到〇．三秒，守門員不可能在這麼短的時間內反應過來，所以只能事先賭一個方向。

點球，是守門員和球員之間的賽局。我還聽說，守門員可以透過球員的眼神判斷他射門的方向。

有一次踢球，我們隊被判了點球。罰球的那名球員是什麼長相、這顆球最後被踢向了哪裡、有沒有罰進，我都忘了，但我清楚記得他的眼神。他的眼睛不停地瞄我右側的方向。按理說他是想朝右邊踢，可是我突然多想了一步。

我知道守門員應該看眼神來判斷方向，那他是不是也知道？他會不會是故意往右邊看，實際上是想往左邊踢呢？又或者說，他會不會也料我能想到他的詭計，然後將計就計，還是會往右邊踢呢？

我參加了一次真正的賽局。罰踢點球是一個可以欺騙對手的遊戲。這種賽局也是賽局理論的鼻祖，馮紐曼當年研究的東西，不過他研究的是打撲克牌。

在德州撲克中，最基本的操作是如果手裡的牌好，就應該加注；如果牌不好，就應該蓋牌退出。但打牌這麼老實可不行。當對手一看你加注，就知道你手裡拿著好牌，他就不會跟了，這樣你怎麼能贏很多錢呢？所以，必須迷惑對手才行。

打牌，一定要善於虛張聲勢。中文大概叫「詐」，英文術語叫「Bluff」。有時候你手中的牌明明不好，也要假裝牌好，選擇加注。可能對手被你嚇住，就不跟了，這樣你就贏了。但更重要的是，要讓對手知道你在牌不好的情況下也會加注，他才會不知道你加注是代表牌好還是牌不好，他也才可能在你因為牌好加注的時候跟著加注。所以即使你的牌特別好，有時候也要假裝牌一般，謹慎地加個小注。

想往左邊踢，就故意往右邊看；明明不能，但是讓對手以為你能——這不就是「能而示之不能」的《孫子兵法》嗎？

但是馮紐曼比《孫子兵法》多了一個洞見。馮紐曼說，你既不能有好牌就加注，也不能有壞牌就加注。你既不能往左邊踢就往左邊看，也不能往左邊踢就往右邊看。只說謊話就等於只說實話，對手只要反著聽就行了。

馮紐曼說，**想要真的迷惑對手，必須把謊話和實話混合起來。**

混合策略

先前提到的各種賽局，好比納許均衡，你最終只能選擇確定的一招，這種情況叫作「純策略」（Pure Strategies）。

但思考一下點球賽局。當球員往守門員的左側踢，守門員也往左側撲，這個局面是納許均衡嗎？顯然不是。在這種情況下，球員會想改變策略而往右側踢。同樣的道理，如果球員往左側踢，守門員往右側撲，球員又會想要改變策略。無論是哪一種組合，攻守雙方總有一個人想要單方面改變自己的策略，所以點球賽局中沒有納許均衡。嚴格地說，是「沒有純策略的納許均衡」。

因為沒有純策略的納許均衡，所以賽局理論不能告訴球員應該怎麼踢才能踢進。但是，如果球員要罰踢很多次點球，賽局理論可以提供他一個指導，讓他用一個系統取勝。這個系統是「混合策略」（Mixed Strategies）。

所謂混合策略，就是不能老往同一個方向踢，應該按照一定的機率，有時候往左踢，有時候往右踢。

你可能會認為，這不是顯然如此嗎？還用得著賽局理論？注意了，這裡面有個大學問——應該以多少機率往左踢，以多少機率往右踢呢？

假設球員向守門員的左側踢，有時候容易踢偏，導致他更喜歡往右踢。那他能不能以一半的機率往右踢，一半的機率往左踢呢？不行。如果他這麼踢，守門員就會堅決撲向右側，因為左邊更值得交給運氣。按照這樣的踢法，雖然球員的每一腳都不可預測，但是他有個非常明顯的統計趨勢可以被對手利用。

正確的策略應該是：球員首先要知道自己向左踢和向右踢進球的機率分別是多少，然後合理搭配向左踢和向右踢的機率，以至於讓守門員不管是撲向左邊還是右邊，進球的機率都一樣。

也就是說，球員的**混合機率選擇，應該把對手能得到的最大報償最小化**。在這種情況下，因為守門員向左撲或向右撲都一樣，他就沒有什麼確定的好辦法。馮紐曼證明，這是對球員最有利的混合策略。這個結論，叫作「最小最大值定理」（Minimax Theorem）。

這是賽局理論的一個基本定理，它涉及非常複雜的數學，在此就不細說了，但是這個精神是容易理解的。

第一，要按照一定的機率，混合自己的打法。

第二，混合打法的規律，必須是對手無法利用的。

只說實話不行，只說謊話也不行。在九〇%的情況下說實話，一〇%的情況下說謊話，也不一定行，因為對手還是可能根據聽實話和聽謊話的實際報償，決定一個最佳應對策略。必須用最小最大值定理計算出一個實話和謊話的最佳配比才行。

後來約翰·納許進一步證明，所有的賽局，不管有多少參與者，都至少存在一個納許均衡——可能是純策略納許均衡，或者是混合策略納許均衡。不管你玩的是什麼遊戲，賽局理論總能給你幫助。

一個理性的守門員和一個理性的球員玩的點球遊戲，必定是雙方各自使用自己的最佳混合策略。誰不用這個混合策略，誰就會被對手抓住破綻。

《三國演義》的「煮酒論英雄」這一段中，曹操對著劉備說了一番「龍之變化」。曹操說：「龍能大能小，能升能隱；大則興雲吐霧，小則隱介藏形；升則飛騰於宇宙之間，隱則潛伏於波濤之內……龍之為物，可比世之英雄。」

曹操說的這番話就有點像最小最大值定理。英雄做事，必須完全沒有可以被敵人利用的規律。

真隨機的好處

你可能會覺得這樣要求太高了，難道罰踢點球之前還要做個數學計算？是的，如果你要罰的這些點球都價值千金，計算就是值得的。事實上，有人統計了一九九五年到二〇一二年間職業足球比賽中的九千零一十七個點球，發現這些真實比賽中的點球結果，和最小最大值定理要求的混合策略納許均衡，高度一致。[30]

我們大概可以說，職業球員有一種很專業的比賽感覺，他們知道怎麼樣才能最大限度地迷惑對手。而且近年來，有很多球隊已經在使用專門的軟體工具分析對手和計算自己的策略。在世界盃期間，我們可能經常聽到這樣的報導：點球決勝的時候，守門員手裡有個紙條，上面寫著對方球員最可能的射門方向。我相信紙條上的建議絕對不是對方球員最擅長的方向，而是一個全面考慮的混合策略。

更了不起的是，同樣的研究還表明，職業球員還執行了相當不錯的隨機性。

人類非常不擅長執行隨機。比如我要求你以左、右分別是四〇%和六〇%的機率踢點球，你會怎麼安排呢？先往左踢四個，再往右踢六個嗎？還是按照左右規律地交替，並在中間多安排幾個右呢？從統計的角度看，這些安排都太整齊了，非常容易被人利用。一般人想到隨機性，會強烈地以為應該交替進行。比如球員前兩次罰踢點球都踢向了左側，這一次可能非常想踢右側——如果球員有這個心理，對手就可能會利用這一點，接下來重點防守右邊。

唯一正確的做法，是執行真的隨機性。比如球員可以隨身帶一本書，每次罰踢點球之前隨便翻開一頁，如果頁碼的個位數是〇到三就踢左邊，如果是四到九就踢右邊。

有人觀察了都是業餘選手參加的「剪刀、石頭、布」比賽——真有這樣的比賽——發現業餘選手的特點恰恰就是出手不夠隨機。[31]他們在原則上可以被人用機率論系統性地打敗。

不是真隨機，就會被破解，這個道理和密碼學一樣。科普作家卓克在得到App有個課程叫《密碼學三十講》，其中專門說過這個道理。[32]

隨機性，才是真正的「詭道」。

這個原理可以應用於多種情況，比如打網球。如果你知道對方的反手比較弱，是不是就應該一直反手回擊呢？不行。因為這麼做，對方就能預測你的打法了。就算你知道他喜歡正手，也得按一定的機率正手回擊，你必須使用混合策略。而職業網球選手真的做到了隨機性的混合策略。他們當然不會隨身攜帶一個亂數產生器，但是他們比業餘選手更隨機。

再比如在足球和籃球比賽中，如果你們隊有個特別能得分的球星，那是不是應該一到前場就把球交給他呢？不行。那樣做的話，你們隊的戰術就是可預測的，對方的防守球員就會重點盯住你們的球星。球星再厲害，你們的隊員也必須以一定的機率將球傳給別的球員。事實上，球星在前場的作用，很大程度是牽制對方的防守兵力。

無論是政府機關檢查產品的品質，或是交通警察查違規停車，一般都是抽查。這個抽查可不能有規律。如果固定在每天下午兩點查停車，別人就會躲過這個點。最好的辦法是隨機抽查。

據說慈禧太后吃飯從來都不是只吃一盤菜，而是面對幾百盤菜隨機地選擇，每樣大概只吃一口，以至於那麼多年，人們依然不知道她愛吃什麼，這樣別人也就不容易在她的飯菜裡下毒了。

還有，在「田忌賽馬」中，想要避免被田忌算計，齊威王的最佳策略也應該是隨機安排出場順序。事實上現在的團體比賽根本不可能讓一方先確定出場名單，讓另一方有安排賽馬的機會。

混合策略不是陰謀，而是陽謀。專門說謊話是搞陰謀，可是陰謀是能夠被識破的。如果使用混合策略，就算把決策方式告訴對手，他也沒辦法破解。陽謀不怕被識破……追根究柢，大家都是納許均衡的奴隸。

問與答

Q **讀者提問：**

是不是可以說：「陽謀」才能有納許均衡，「陰謀」就沒有納許均衡？陽謀中有好的資訊對稱，參與者之間幾乎是平等的，而陰謀就缺這些，所以暗度陳倉、火燒赤壁這樣的玩法很難有第二次，因為它們是不平衡的。

我是軟體工程師，開源社群有個理念，叫「愈開放，愈安全」，但反對開源的人也會說原始碼都開放了當然不安全，經常讓企業領導者很糾結要不要開源。這是不是在說開源社群理解了陽謀的厲害，算是在追求一個光明的納許均衡呢？

A 萬維鋼：

點球賽局中你必須選擇一個方向，而你不管怎麼選，對手都可能猜中，所以沒有純策略納許均衡。你說的這個賽局中，如果軟體有個漏洞是可以被人利用的，而敵人想要獲得這個資訊，這個賽局與點球選擇方向的賽局是不一樣的，因為我們可以選擇不說話。

在這個破解和防破解的賽局中，我們選擇保密，敵人選擇不斷試探，這就是一個納許均衡。你不會想主動公開，敵人也不會停止試探。事實上，我們看到安全領域這種保密和試探的對決，是長期普遍存在。

對關鍵資訊保密不算搞陰謀。因為對手知道你的策略是什麼，他只是不知道你保密的那個資訊內容而已。在我的理解中，陰謀是你指望對手根本不知道你在用哪個策略。

而開源則是一種完全不同的賽局。開源不是洩密，開源軟體的好處並不是它把漏洞放在陽光下讓對手能夠看到，而在於整個社區人人都可以出力彌補這個漏洞。開源軟體安全是因為它已經被眾人完善了。但是從開源到完善需要一個過程，需要社區有人願意參與，大家一起把它做好。

所以從防止被漏洞傷害的角度來說，開源是個治本但不治標的辦法，保密則是個治標但不治本的辦法。我認為實力強大的公司應該自己開發一個品質夠硬的軟體，自己進行內部測試，先不要開源；實力弱小的公司則應該直接使用已經開源的軟體。

第 12 章

怎樣篩選信號？

只靠說，別人可能不信，
這時可以採取一些行動，
你會發現──「篩選」無所不在。

「學而時習之，不亦說乎」中的「習」，一般被理解成複習和練習，我覺得不太對。我們知道刻意練習並不好玩，因為它要求人必須在枯燥、孤獨和挫折中提升。我讚賞的一個解釋是，「習」應該代表實踐，是學以致用。本來誰都打不過的人，在學了幾個絕招之後，學以致用，大殺四方，這才叫「不亦說乎」。

賽局理論是一門可以「學而時習之」的學問。我們學習了一個賽局局面之後要舉一反三，像使用成語典故一樣，在各個領域發現它的影子。

有時候看起來非常不一樣的幾件事，背後可能是同一個賽局原理。比如以下這幾件。

一是廣告。新品牌要推廣自己，我們完全理解它打廣告的行為，可是像賓士（Mercedes-Benz）、ＢＭＷ這樣的品牌，可以說早就人人皆知了，為什麼這些公司還要年年花那麼多錢做廣告呢？

再來是上大學。我們在工作中真正用到的知識，大部分都是在工作現場學到的。大學裡，大部分課程的知識不僅在工作中用不上，而且難度還挺高。事實上，很多人就算不上大學也能把現在的工作做得很好。那人們為什麼非得上大學呢？

還有一個是吹捧文化。有些明明挺體面的人，為什麼要在公開場合那麼肉麻地吹捧領導者呢？難道他們不知道那樣很可笑嗎？

這三件事的共同特點是都「很貴」——指的是所耗費的金錢、時間，或臉面——但又都沒什麼直接用處。而在賽局理論看來，人們做這樣的事情，都是為了解決「資訊不對稱」。

怎樣讓資訊可信？

一種常見的賽局局面，是一方參與者知道某個關鍵資訊，而另一方不知道。某一方強烈地想讓另一方知道他的資訊，但又怕對方不相信。另一方強烈地想知道對方的資訊，但是又怕對方說謊。

這就是資訊不對稱。比如你有一個產品，你知道這個產品絕對是好東西，可你向消費者說「這是好東西」是沒用的，因為所有商家都說自己賣的是好東西。而另一方，消費者確實也想買個好東西，可又不知道該相信誰。

經濟學家喬治．艾克羅夫（George Akerlof）就因為用數學語言說明了資訊不對稱會導致舊車交易市場失靈，而獲得了二〇〇一年的諾貝爾經濟學獎。千萬別認為以這個主題獲得諾貝爾獎還挺容易的，要知道那一年經濟學獎的主題雖然是「資訊不對稱」，但是發給了三個人，同時得獎的還有約瑟夫．史迪格里茲（Joseph Stiglitz）和麥克．史賓賽（Michael Spence）。

史迪格里茲認為既然市場失靈，就應該指望政府，必須讓政府檢查產品的品質，懲罰品質差的商家。史賓賽則認為，其實市場也有自己的辦法，他提出可以透過「發信號」（Signaling）解決這一問題。只靠說，別人可能不信，這時就可以採取一些行動。

比如商家為了讓消費者相信自己賣的二手車是好車，可以提供保固合約。這項措施的特點是只有在這輛車是好車的情況下，商家這麼做才對自己有利。只要車好，這份合約完全不會讓商家受損失；要是車不好，商家承諾保固就等於自己害自己，將來要花很多錢為消費者修車。

像這樣的行動就是發信號。信號不是說出來的，而是做出來的，而且是只在資訊是真實的情況下，這麼做才合理。

為什麼名牌產品也要花很多錢做廣告？在這個問題中，「很多錢」是關鍵。比如三流醫院也要做廣告，但是它只能花小錢在網站或社群做，可不敢花大錢上電視做。因為消費者上一次當就不會再來了，一次廣告費就只起一次作用。更重要的是，劣質服務的要點在於既要有一定程度的知名度，又不能讓知名度太高，稍微高調一點就可能成為惡名，會被有關部門盤查，或被消費者唾棄。而一個品牌既然敢花那麼多錢做那麼高調的廣告，就說明它做的是長期生意，口碑經得起考驗。所以雖然是廣告，卻是一個可信的信號。

為什麼要上大學？因為沒有足夠才能的人可上不了大學。

為什麼要公開吹捧領導者？因為只有公開吹捧到個人形象已經不可挽回的程度，才能證明你的忠誠。

這些都是信號。

當然，還有一種行動就叫作「反信號」。特別厲害的人，因為無須證明自己，會刻意保持低調。

這些套路你可能比較熟悉，史賓賽從發信號引申出一個學說，研究的是「如果別人沒主動發信號，你怎麼讓他發一個信號」。

逆向選擇和正向選擇

保險業有個根本性的困境：來投保的，按理來說是最需要保險的人；而最需要保險的人，正好是保險公司最不想要的人。

如果我非常健康，認為自己未來這一年幾乎不可能得病，我很可能就不想買這一年的醫療保險。只有那些身體弱，甚至本來就患病的人才會願意一直買醫療保險。既然買醫療保險的大都是病人，保險公司就不得不提高醫療保險的費用。可是只要費用提高，健康的人就更不願意買了。這個惡性循環叫作「逆向選擇」，意指你選出來的，都是你不想要的。

要解決比問題，一個思路是把保險變成強制性。歐巴馬（Barack Obama）

的意圖就是要在全美設置所有人必須參加的醫療保險。但川普認為這不合理，因為這不符合自由市場的精神，你怎麼能強迫一個人買保險呢？

另一個思路是對患病的人多收點錢，對健康的人少收點錢。可是如果保險公司明文規定這麼做，等於歧視病人，會招惹道德上的麻煩；而且每個投保的人是否真的健康，也很難判斷。

但是的確有個辦法可以讓客戶自己暴露他的健康狀況。這一招叫作「篩選」（Screening）。

美國私人公司提供的醫療保險計畫通常有好幾個選項，這些選項基本上可以分成兩類。第一類是每個月要交的保費低，每年因看病而需要自己掏錢的總額上限也低，但是每次看病要自己花比較多的錢。第二類則是每個月的保費比較高，每年自費的額度也高，但是每次看病要花的錢比較少。

如果你是個很健康的人，根本沒打算去醫院，顯然你會選第一類醫療保險。不僅保費低，而且萬一得了大病，自己出的錢也會比較少。可是平時身體不太好的人卻會選擇第二類，因為他們經常去醫院，更希望每次看病所花的錢少。當然，保險公司對第二類投保者的懲罰是他們要交出更高的保費，而且萬一得了大病，自己也要出更多的錢，可是第二類投保者自願接受了。

這就是信號篩選。保險公司沒有直接詢問誰是病人，每個人透過選擇發出了信號，然後被自動區別對待了。

種種篩選

只要你有這個賽局的眼光，篩選簡直到處都是。

信用卡公司有個叫「餘額代償」的手段：假設你在其他信用卡公司欠了錢，你可以把這筆餘額轉移到我們公司，我們會給你更低的利率，甚至可能頭幾個月你可以暫時不還。這一招並不僅僅是為了吸引新顧客，更是篩選有價值的顧客。

信用卡公司的顧客可以分成三種。第一種顧客量入為出，每個月用信用卡花多少錢，月底拿到帳單的時候就按時還上，信用卡對他們來說只是一個方便的支付手段。信用卡公司在這些人身上基本上賺不到錢，從商家收的一點手續費可能只夠管理費用。第二種顧客把信用卡當作一個分期付款手段。他們會用於一筆很大的支出，然後慢慢還。第三種顧客是把自己的信用額度一次性花光，刷了卡就不打算還錢。

只有第二種顧客能讓信用卡公司賺到錢。會使用餘額代償服務的恰恰也是第二種顧客，因為第一種顧客沒有餘額，第三種顧客沒打算還錢。餘額代償是一個正向信號篩選的有力手段，能把別人最優質的顧客搶過來。

為什麼申請美國大學要填一個那麼複雜的申請表，弄那麼多麻煩的手續？因為這樣做才能把真正認為自己有機會，同時又有誠意的學生篩選出來。事實上，我聽說美國有不少高中生明明符合某大學獎學金的條件，但是居然沒有申請這個大學的獎學金，因為他們懶得填表。

最普遍的篩選手段是「價格歧視」。買同樣一個商品，如果顧客能讓商家賺二十元，商家很樂意；但是如果有顧客能讓商家賺五元，商家其實也樂意，但商家不能明目張膽地看誰錢多就賣他高價。

解決這問題的辦法就是區別定價。咖啡要分成中杯、大杯和特大杯，軟體要分為學生版、家庭版、專業版和企業版。其實綜合考慮地段、人工和研發費用，不同杯型或不同版本的成本幾乎一樣，甚至完全一樣，只是想賣給有不同付費意願的人而已。

掌握這點後，你會發現篩選無所不在。而沒有這個眼光的人可能很難理解這一切。花那麼多錢請明星做廣告，難道不是浪費社會資源嗎？大學為什麼不教點實用的東西？商店玩那麼多花樣做什麼？有這些疑問的人很愛思考，但是全都沒想到重點上。

市場的信號理論是二十世紀七〇年代才發展出來的，納許均衡是二十世紀五〇年代才被明確提出的概念，難道此前的人類社會沒有均衡和發信號的現象嗎？當然不是。

身為一個賽局的參與者，未必能洞察這個局面；身處一個時代，未必能理解這個時代。你不得不做了理性的選擇，可是又充滿困惑；你覺得社會不對，可是又說不明白哪裡不對。「學而時習之，不亦說乎」，人不學習行嗎？

問與答

Q

讀者提問：

幾乎同樣的商品以不同的價格賣給不同的消費者，要是消費者明白了這點，又會影響其對商家的信任，反而影響商家利益，請問均衡點在哪裡？

A

萬維鋼：

均衡點就是既要區別定價，又不能做得太明顯。你不能明目張膽地給一部分顧客一個定價，給另一部分顧客另一個定價，表面上一定得人人平等。只要你說出一個價格，任何人來買，你都得賣給人家。

據我所知，亞馬遜曾經搞過直接的區別定價小手段。因為亞馬遜是網路購物，它的確可以做到給每個人不同的價格，反正顧客彼此也不能直接看到。它可以透過顧客的購買記錄來判斷他的價格承受能力。但是這是一樁醜聞。我聽到的故事，是亞馬遜最後被抓到了，當顧客提出證據，它馬上發表聲明說那只是在做實驗，而且還把多要的錢退還給顧客。

亞馬遜的商品價格波動很大，有時候兩個人在不同時間看到的價格不一樣，可能就會感覺自己被價格歧視了。我也不相信在同一時間，兩個顧客在同一個購物網站上會看到不同的價格。消費者一旦知道網站可能這麼做，就會採取各種應對措施，其實對網站沒什麼好處。

商店把商品強行分類，比如咖啡分成中杯、大杯、超大杯，軟體分成學生版、專業版等，我們說這些分類的區別小，是針對商家的成本而言；但對顧客來說，中杯的量就是比超大杯少了很多，學生版的功能就是不如專業版全面。不然，大家都買中杯和學生版就好了。

商家採取的其他策略也都是這樣，像給學生和新客戶一個優惠，給特定的一群人發一些優惠券。它們總能找到各種正當理由，讓你挑不出毛病來。

如果你錢多，你就算知道有優惠券，也沒時間去收集那些優惠券，因為你不在乎什麼時候打折，這時的你就相當於把自己暴露出來，自動出個高價，還不會抱怨。這和商店直接給你一個比別人高的價格有本質上的區別。

Q **讀者提問：**

賽局理論和經濟學是「文章本天成，妙手偶得之」呢？還是自從提出了賽局理論和經濟學後，人們的賽局變得愈來愈高端呢？

A **萬維鋼：**

有很多賽局的智慧的確可以說是民間一直都有的手法。比如怎麼樣提供一個可信的威脅或承諾，怎麼樣透過做廣告之類的方法解決資訊不對稱的問題等。篩選的各種方式，都是民間常見，甚至是因為一直都有人在用，後來才被賽局理論專家總結成理論而已。這些的確是「文章本天成，妙手偶得之」。

但是理論對實踐有指導作用。這就好像圍棋，有些招法可能是哪個棋手靈機一動就想出來的，但是如果不形成理論，你就很難看到其中的本質，也就很難學以致用，乃至舉一反三。

更重要的是，形成抽象理論有利於做更細緻的推導，達到更高的水準。比如混合策略中的最小最大值定理，雖然最初的靈感起源於打牌，但經過馮紐曼之手，它已經遠遠超越了民間智慧。

馮紐曼寫了一本書叫《賽局理論與經濟行為》（暫譯，原書名為 *Theory of Games and Economic Behavior*），是賽局理論的開山之作。一開始出版社把這本書宣傳成撲克牌指南，但當時的人發現書中的方法非常數學化，根本用不上。可以說最小最大值定理超越了那個時代。

而到了今天，職業撲克選手們正好就在使用馮紐曼發明的方法。

Q 讀者提問：

一輪一輪的套路（指經過設計後發出信號，尤其是虛假信號）與反套路已經被總結成經驗廣泛傳播。這種「設計套路→破解套路→再設計套路→再反套路」的循環，一般來說在現實世界裡會存在幾次？一些長久存在的簡單騙術依舊好用，解密和教育效果甚微，這究竟是人性的弱點，還是道德的淪喪？

A **萬維鋼：**

也不能說「效果甚微」。愈是落後國家和地區才愈是假貨和騙術橫行，已開發地區的市場是相當有規範的。人們在陌生的環境中的確有可能犯愚蠢的錯誤，被騙子抓住弱點。如果大家都是「老司機」（經驗豐富的老手），真誠才是最好的辦法。

我們覺得今天騙子多，認為二十世紀八〇年代比較單純，但事實上二十世紀八〇年代的產品品質和社會治安比現在差得多，有各種匪夷所思的案件。今天的騙術比過去可以說文明多了。賽局能讓社會變得更好。

第 13 章

賽局設計者

做一個獨立自主的參與者，
識別各種賽局局面，
自己決定如何應對，
拒絕被人安排。

有句話叫「勞心者治人，勞力者治於人」。如果這是曾經的社會現實，我認為這樣的社會不但殘酷，而且不合理。學習賽局理論，最基本的底線就是不能「治於人」，要做一個獨立自主的參與者，識別各種賽局局面，自己決定如何應對，拒絕被人安排。

當然，我們可能也不想「治人」，人不能壓迫人，一個參與者和另一個參與者之間是平等的關係。不過學習賽局理論的確能讓你有個比做參與者更高的視角，那就是作為規則的制定者，為別人設計賽局局面。

一般人遵守規則，少數人違反規則，而有的人制定規則。

設計一個賽局，比參加一個賽局要難得多，這是管理者的學問。絕大多數的賽局是自然形成的，有的則是社會千錘百鍊的結果。要自己設計一個，就得非常小心才行。

我們先從簡單的說起。

薪資結構

有些人認為凡是存在的社會現象就都是合理的，我認為不是這樣。

比如賣房子，通常要找一個不動產經紀人幫忙。經紀人佣金大約是房產成交價的一．五%。這聽起來是個良好的正向激勵，經紀人肯定會想方設法，把房子打扮得漂漂亮亮，為房子做廣告，熱情地向買方推銷。他希望客戶的房子賣得愈貴愈好，這樣他自己的收入也高，對吧？

不動產經紀人有時候也賣自己家的房子。經濟學家透過美國的資料分析發現，經紀人賣的如果是自己家的房子，相較於賣別人的房子，他會讓這套房子在市場上平均多待十天。[33]他賣自己家房子時會有更多的耐心等待一個更好的價格，而賣別人的房子則很快就出手。這是什麼道理呢？難道他不也希望把客戶的房子賣出高價嗎？

這就是激勵機制的問題。比如客戶的房子按行情能賣一百萬元，如果多等幾天，說不定能賣出一百零二萬元。這兩萬元對客戶來說是一筆不錯的收入，客戶一定願意等。可是對經紀人來說，多賣兩萬元，他只多賺三百元。經紀人沒必要為了三百元再多花好幾天的精力。他希望趕緊了結這單業務，好再去做別的業務。

客戶在乎的是能比一般行情多賣出多少錢，經紀人在乎的是趕緊做成這一單。客戶認為一百萬元是應得的，最在意的是能不能多賣兩萬元，而那恰恰是經紀人最不在意的部分。兩者的焦點不在同一個地方。所以賽局理論專家主張設計一個更合理的經紀人薪酬規則，一個級距式的薪資結構。

比如可以規定，在成交價的頭一百萬元，經紀人可以拿到一．五%的薪酬，也就是一．五萬元；超過一百萬元的部分，經紀人可以拿到一五%的薪酬。假設多賣兩萬元，經紀人可以多得三千元。這樣一來，經紀人就有充分的幹勁把客戶的房子賣到一個更高的價格。

「基本收入」加上「銷售分潤」的模式是一種很常見的薪資結構。沒有基本收入，員工就沒有安全感；而如果員工的努力能直接反映在公司的利潤上，分潤就是很好的激勵。電影明星的薪資結構也是這樣，是「固定片酬」加上「影片票房分潤」。如果明星覺得這部電影不會有多大的迴響，他會要求一筆很高的固定片酬——不選我無所謂，選我我就當是為了賺錢；如果明星認為這部電影很棒，他會提出比較低的固定片酬使自己利於入選，然後等著拿分潤。能夠起作用的分潤，一定得讓雙方都在意才行。

但目前為止，多數不動產經紀人的分潤方案仍然是固定的一．五％。為什麼不改進呢？也許是因為房子不值得像電影明星那樣談判，也或許是因為不懂賽局理論。

拍賣故事

設計賽局規則有時候很不容易，拍賣也是如此。

最簡單的拍賣就像我們在電視中看到的那樣，拍賣師喊價，有人不停地舉牌，最後出價最高的人獲得拍賣品。這是英式拍賣。英式拍賣的特點是明標，所有人都能看到競標者出的價格，大家互相確認，更容易認可高價。

很容易看出「拍賣」對競標者來說是個囚徒困境：就算所有人都不積極競價，最後也是這些人中的某幾個人拿走這幾件東西，所以競標者會互相串通壓價。而要避免串通，似乎應該讓競標者看不到各自的出價。可如果進行暗標，競標者有時候不知道這個東西到底應該值多少錢，出價就會偏保守，不願意貿然出高價。

一九六一年，經濟學家威廉．維克里（William Vickrey）提出了一種既可以讓競標者放心大膽地出價，又能防止競標者相互串通的競標方法，這種方法現在被稱為「維克里拍賣」（Vickrey auction），也叫「次價密封投標拍賣」（Second-price Sealed-bid Auction）。這個拍賣方法是只讓每個競標者出價一次，把價格寫在紙上並放進信封裡，不能讓別人看到，出價最高的人得標。但是，他得標後付的不是出自己競標的價格，而是第二名競標的報價。

這看起來有點反直覺，但正因為這樣，競標者才可以放心大膽地報出自己所能出的最高價，而不用擔心因為不懂行情而吃虧。維克里靠對拍賣的研究獲得了一九九六年的諾貝爾經濟學獎。而在 eBay 之類的網站拍賣物品，可以選擇讓機器人代標，其方法本質上就是維克里拍賣。

既然維克里拍賣這麼好，那將所有的拍賣都改成維克里拍賣不就行了嗎？

真實的賽局遠沒有這麼簡單。一九九〇年，紐西蘭政府拍賣電信經營牌照，就用了維克里拍賣法，結果成交價格差強人意，還落得一身埋怨。[34]大眾不理解賽局理論，認為電信公司明明已經願意出更高的價格，政府為什麼只收一個次高的價格呢？

二〇〇〇年英國政府拍賣3G電信牌照，可以說是史上最成功的一次。這次，賽局理論專家進行了精心的布置。

首先，本來政府只想拍賣四塊電信牌照，但是賽局理論專家的第一個提議就是增加一塊，總共拍賣五塊牌照。這是因為英國正好有四大電信公司，如果只拍賣四塊，人們就會認為牌照必然是這四家公司拿到，別的公司不會參與，就沒有競爭了。

多提供一塊牌照，反而能促進競爭。英國政府果然擠出了第五塊牌照，最後除四大電信公司之外，又有九家公司也來參與競標。

其次，這次拍賣使用了「日本式」的拍賣方法。這個方法是公開競標，但競標者不喊價，只能被動接受拍賣者一輪比一輪高的報價。留在拍賣會場裡的競標者，必須接受當前的報價；如果退場，就再也不能回來。

這樣做的好處是讓競標者不但無法串通，而且會自動互相鼓勵。只要看到場內還有別的公司在，就知道當前價格是被人認可的。既然別的公司花這個價格買牌照能賺錢，我為什麼不能呢？

最後，組織者還事先進行了大肆宣傳，讓每個競標者充分認識到這次競標的價值。

拍賣一共持續了將近兩個月，進行了一百多輪提價，最後五個牌照總共賣出兩百二十五億英鎊，而政府最初的估計才三十億英鎊。更好的是，拿到牌照的電信公司把 3G 服務建設得很完善，因為互相競爭，英國手機使用者也沒有多花服務費。

所以賽局設計是真的有用，但是賽局設計也有邊界。

理性與數學

一七二七年，英國女王卡洛琳（Caroline）訪問了格林威治皇家天文臺。皇家天文臺設有「皇家天文學家」的職位，相當於天文學家的首席，當年擔任這個職位的是愛德蒙·哈雷（Edmond Halley）——「哈雷彗星」就是以他的名字命名。女王發現哈雷的薪水不高，說應該調漲薪資。

但是哈雷馬上請求女王不要調漲他的薪水。[35] 哈雷表示，如果這個職位的薪水很高，將來在這裡工作的可能就不是天文學家了。不過女王還是調漲了薪水，而且皇家天文學家的位置也沒被不是天文學家的人搶走。

今天恐怕不會有哪個科學家拒絕加薪，但這個故事仍然能說明：現實中是有人——比如科學家和政客——為了自己喜愛的工作或地位，寧可拿一份不高的收入。

那應該怎樣設計科學家和政客的薪資結構呢？據我所知，賽局理論目前沒有很完善的答案。

我了解的一些薪酬設計理論，㊱哪怕都是有名的模型，還使用了數學知識，也都有一些並不怎麼可靠的假定，例如以下兩點。

第一，人們工作只是為了錢。

第二，只要監管不到，這個人一定會偷懶，甚至會腐敗。

基於這兩點，為了防止員工偷懶，雇主必須用更高的薪資收買他。只有這份工作的薪水夠高，員工才會擔心偷懶被抓住，才會為了保住工作而不偷懶。至於要給多高的薪水呢？雇主需要考慮社會基本收入水準和員工偷懶被抓住的機率，換句話說，愈容易偷懶的職位，薪水就要愈高。

高薪養廉（一種官祿制度，意指給予官員高薪，藉以推動廉潔）也是這個道理。有人推導過一個非常複雜的高薪養廉公式，說官員的薪資應該由社會基本收入、貪汙被發現的可能性、對貪腐的懲罰力度和官員權力的大小決定。

我看到這些一本正經的理論，就想起維克里得了諾貝爾獎的拍賣法。拍賣規則那麼簡單直觀，實際應用都有可能出問題；高薪養廉公式對真實世界做了那麼多設定，它還可能有實際應用的價值嗎？

把賽局理論用於制度設計，我認為通常有兩項默認的前提。一項是激勵必須基於可見的表現，比如這個人賣了多少東西、寫了幾篇論文，表現若不可見就沒辦法操作；另一項則是各個參與方是為了一個單一目標進行賽局。

但現實生活並不總是這樣。科學家和政客並不僅僅是為了薪水而工作。他們當然也想要薪水，但是對他們來說，榮譽、地位和權力或許比薪水更值得追求，這是沒辦法量化的。人是理性的，但理性不等於一門心思都在掙錢。

經濟學家凱因斯（John Maynard Keynes）有過這樣的感慨，他認為經濟學家不能總做事後諸葛，只知道解釋世界；而應該像牙醫一樣開個診所，誰遇到問題，就幫他設計一個解決方案。

怎樣才能設計一個完美的制度，讓官員不腐敗，讓科學家不偷懶呢？目前來說，賽局理論可能還沒成熟到能開這種診所的程度。

問與答

Q 讀者提問：

前述「客戶的房子按行情能賣一百萬元」裡有個假定前提，就是這個房子的行情價是個共識。但在真實生活中，所謂的「行情價」有資訊不對稱問題，也有信任問題。房地產買賣交易屬於低頻率高消費，參考購屋平臺上的交易資訊是否降低了資訊不對稱呢？

A 萬維鋼：

是的，買賣雙方對房子的基本行情有一個共識。對個人來說，房產的確是低頻率交易，但是對整個市場來說卻是相對高頻率的交易。

以美國來說，幾個比較大的網站，比如 Zillow 和 Redfin，對幾乎所有的房子——不管是在市場上的，還是根本就沒打算賣的——都有明確的估價。你打開網站，輸入地址，它就能告訴你此地的房子值多少錢，而且最終的成交價不會與這個價格相差很多。

首先，網站掌握房子的基本資訊，比如面積、幾個房間、幾間衛浴、建造的時間等。其次，網站會根據附近房子最近的交易價格隨時調整估價，整體是個大數據遊戲。也就是說，房子的基本資訊和所在地點當前的平均行情，已經在很大程度上決定了這個房子的價格。至於裝潢水準，使用什麼地板或什麼廚具，那些不影響大局，甚至可以說連討價還價的籌碼都算不上，只是讓房子看上去更有吸引力。

汽車的交易也是這樣。根據車子的型號和出廠年份、基本的新舊程度，評鑑機構一類的網站會提出一個建議價格。

這些「指導價」是各方討價還價的起點，也可以說是賽局的焦點。那些網站等於做成了交易市場的基礎設施。而像房產交易網站，本身就提供仲介服務，算是一個大型的參與者，它的指導價對市場有巨大影響，它也會努力讓自己的估價更符合真實情況。

而且這裡面可能還有一個自證預言效應（Self-fulfilling prophecy），網站的價格預測愈準，它作為焦點的說服力就愈強；而它的說服力愈強，預測能力也會愈準。

講到這裡，我想到了關於現行仲介抽成制度的一個解釋。因為現在這些網站的力量愈來愈強，資訊愈來愈透明，仲介討價還價的能力很可能正在減弱。以美國為例，本來的規定是買賣雙方的仲介各自可以獲得成交價的三％。但是現在所有仲介都會給予客戶一個折扣，通常是一半，所以只拿一・五％，這其實就已經說明仲介有點過剩了。如果仲介並沒有多少講價的能力，那他提供的主要服務就是領著客戶看房、幫客戶辦手續這些常規操作，那麼，拿一個固定的分潤比例也就是可以理解的了。

第 14 章

冥冥之中有定數

策略的優劣不是永恆的。

你必須考慮當前社會的賽局格局，

才知道自己的最佳策略是什麼。

有沒有一個比作為參與者和設計者更高的賽局理論視角？有的，上帝視角。

賽局理論的出發點是自由。一個人首先要是一個自由的參與者，能夠獨立自主地選擇賽局策略，才談得上使用賽局理論。但賽局理論的結局通常是不自由，一個理性之人的策略總是納許均衡中的一個。如果納許均衡只有一個，就只有這一個選擇。

所幸納許均衡常常並不只有一個，而且我們會參加各種不同的賽局。生活中有各式各樣的人，有的人善良，有的人邪惡，有的人謹慎，有的人愛冒險，有的人重感情，有的人重物質，他們的策略選擇都有道理。正因為如此，社會才是多樣的。

但是，即便納許均衡並不只有一個，冥冥之中仍然存在著一些規律，限制著我們選擇策略的自由。這些規律決定了社會的演化。

我們從一個求偶故事開始說起。

三種求偶策略

美國和墨西哥的沙漠裡有一種蜥蜴，叫作側斑鬣蜥。這種蜥蜴大概有十幾公分長，雌性的側斑鬣蜥樣子都差不多，而雄性根據喉嚨區域不同的顏色，分為橙色、藍色和黃色三種。這種生物最有意思的一點在於，我們可以根據雄性的外表精確判斷牠的求偶策略[37]，這隻側斑鬣蜥是居家好男人還是花花公子，看喉嚨顏色就知道。

橙喉的側斑鬣蜥體型比較大，力量比較強，牠的求偶策略是一夫多妻。牠會占領一大片領地，並把領地內所有雌性收為後宮。藍喉的特點是專一，牠只有一名妻子，且牠總是守著自己的妻子，不容挑戰。黃喉的長相有點雌性化，牠的策略是偷情。沒有固定伴侶，專門和其他側斑鬣蜥的妻子發生婚外性行為，偷偷留下後代。

雄側斑鬣蜥的長相和交配策略都是由遺傳決定的。雌鬣蜥選擇和哪種雄鬣蜥交配，就等於選擇了自己的後代。那麼，你認為哪種雄性最有遺傳優勢呢？

答案是這三種求偶策略是互相牽制的關係。

首先橙喉蜥蜴牽制藍喉蜥蜴。藍喉蜥蜴的問題是太過保守，只守著一個妻子和自己的勢力範圍，等於把大量的資源拱手讓給了橙喉蜥蜴。

但是黃喉蜥蜴牽制橙喉蜥蜴。橙喉蜥蜴的後宮太多，根本看管不過來，這就給了黃喉蜥蜴可乘之機。黃喉蜥蜴會和橙喉蜥蜴後宮中的雌性偷情，用橙喉蜥蜴的資源傳播自己的基因。

而藍喉蜥蜴又牽制黃喉蜥蜴。藍喉蜥蜴採用的是防守型打法，而且藍喉蜥蜴之間還會形成聯盟，牠們把自己的妻子看好，讓黃喉蜥蜴完全占不了便宜。多一個藍喉蜥蜴找到妻子，黃喉蜥蜴就少一個機會。

橙喉、藍喉、黃喉三種側斑鬣蜥，就等於剪刀、石頭、布。像這樣的賽局局面，應該是混合策略的納許均衡，參與者應該隨機選擇做哪種鬣蜥。

不過蜥蜴沒有選擇的自由，一出生就無法改變了。生物學家發現，三種雄性蜥蜴在族群中的分布比例是循環演進的。

如果橙喉蜥蜴占多數，因為黃喉蜥蜴會和牠們的妻子們偷情，下一代就將是黃喉蜥蜴占多數。當黃喉蜥蜴占多數的時候，藍喉蜥蜴便有了競爭配偶的優勢，那麼接下來的一代，藍喉蜥蜴就會占多數。藍喉蜥蜴一多，橙喉蜥蜴的優勢又出現了。雄性蜥蜴的主導類型總是按照著「橙喉→黃喉→藍喉」這個順序循環。

蜥蜴的故事發人深省。按現代人的道德標準來說，我們肯定會同情對愛情專一的藍喉。可是對蜥蜴來說，那只是一個求偶策略而已。剪刀、石頭、布，你說哪個好，哪個不好？

更深一層的道理是，**策略的優劣不是永恆的。你必須考慮當前社會的賽局格局，特別是其他人都在使用什麼策略，才知道自己的最佳策略是什麼**。

從上帝視角來看，策略可以演化。

策略的演化

就好像生物演化是基因的競爭，文化演化是「迷因」（Meme）[38]的競爭一樣，賽局的演化，是策略的競爭。如果使用一個策略能帶來好的報償，人們就會模仿這個策略，這個策略就會流行開來。「演化賽局理論」就是專門研究策略流行規律的學問。

一個最簡單的例子是左撇子和右撇子的賽局。如果社會上大部分人都慣用右手，家長的最佳選擇就是讓自己的孩子也盡量用右手，不然大家圍著圓桌吃飯，左手拿筷子容易與身邊的人衝突。在這個賽局中，應該選擇和多數人一致的策略。

哪怕在某一時刻，社會上左撇子和右撇子的人數正好一樣多，這個平衡也不是穩定的，只要其中一方的人數稍微多一點，其他人的最佳選擇就應該跟著改變。這不是盲從，僅僅是因為這麼做有好處。

到底要在什麼比例下跟隨主流，甚至要不要跟隨主流，都取決於具體的賽局格局。

比如一個簡化版的人類求偶故事。[39]假設世界上只有兩種婚姻觀念：一種結婚純粹是為了感情，另一種純粹是為了物質。一個重物質的型男和一個重物質的型女結婚，兩人有共同語言，我們假設他們從婚姻中獲得的報償都是一分。重感情的型男和重感情的型女在一起理應享受更好的婚姻生活，我們假設他們的報償高一點，都是兩分。但是如果夫妻雙方一個是物質型，一個是感情型，這門婚姻就毫無樂趣可言了，假設他們的報償都是零分。我們再進一步假設結婚配對是隨機的。

在這樣的情況下，應該選擇做物質型的人，還是感情型的人？

這其實是一道數學題，答案和當前社會上不同類型的人的人數比例有關係。假設物質型的人占比是 p，那麼感情型的人占比就是 $1-p$。

如果一個物質型的人隨機配對結婚，他所預期的報償期望值應該是 $p \times 1 + (1-p) \times 0$，感情型的人的預期報償則是 $p \times 0 + (1-p) \times 2$。如果 p 大於三分之二，物質型的人報償會更高，這時就應該選擇做物質型的人；如果 p 小於三分之二，就應該選擇做感情型的人。

蜥蜴求偶賽局是個真實的故事，人比蜥蜴複雜得多，我們這裡只能考慮一個非常理想化的模型，而且還用了一點數學知識，由此得出的這個道理是非常直觀的。

如果社會上大部分人都是物質型，你就更可能跟物質型的人結婚，所以你最好也做一個物質型的人。反過來說，如果社會上有很多感情型的人，那你也應該做感情型的人。什麼是「大部分」呢？我們假設的模型標準是在人群中占比分界線為三分之二比三分之一。這個數值是賽局的報償決定的。

你可能會有疑問：在現實生活中雖然大部分人都慣用右手，可也有很多左撇子頑強地存在。哪怕周圍人都很重物質，也有很多注重感情的人擁有很恩愛的婚姻生活。確實如此，這是因為在現實生活中做個左撇子，雖然會在社交中有些不便，但也不至於影響生存和生育；現實生活中的婚姻配對不是真的隨機，重感情的人一般而言就會盡量找重感情的人結婚。我們所論述的，僅僅是數學模型。

但即便是這麼簡單的數學模型，也能解釋一些社會現象。我們的社會中的的確確就是絕大多數人是右撇子，人們的確會根據周圍人的策略類型來選擇自己的策略——社會「風氣」，是有規律可循的。

鷹鴿賽局

再說一個社會現象。職場中的各種人，按照隨和程度，大約可以分成兩種。第一種人容易聽從別人的意見，不喜歡與人發生衝突，處處忍讓，別人總可以想出辦法說服他，我們稱之為「鴿派」。第二種人總是想讓別人聽從他的意見，不怕衝突，處處與人針鋒相對，別人叫他往東，他偏要往西，我們稱之為「鷹派」。

可想而知，鷹派和鴿派相處，總是鷹派占便宜。既然如此，這個世界上為什麼還有那麼多鴿派呢？

這是因為鴿派的策略也有合理之處，我們來分析這個鷹鴿賽局的模型：鷹派對鴿派，鷹派占便宜，我們假定鷹派得到的報償是一分；但鴿派本來就願意與人合作，所以也不算吃虧，鴿派得到的報償是零分；而兩個鷹派在一起互不相讓、兩敗俱傷，我們假定報償都是負一分；又，兩個鴿派在一起相處融洽，我們假定報償都是〇・五分。

同樣是假設鷹鴿隨機配對相處。那麼在這個局面中，應該做鷹派，還是鴿派呢？

這也是一道數學題，需要計算各自的報償的數學期望。如果總人口中的鷹派比例是 p，鴿派的比例就是 $1-p$。鷹派的預期收益是 $p \times -1 + (1-p) \times 1$，鴿派的預期收益是 $(1-p) \times 0.5$。[40] 我們容易算得：如果現在鷹派占人口比例少於三分之一，做鷹派更合適；如果鷹派比例大於三分之一，則應該做鴿派。

換句話說，在鷹鴿賽局裡，你應該加入「少數派」。因為鴿派會被鷹派占便宜，鷹派的問題則是沒朋友。如果鷹派人數太多，鴿派就不夠用了，做鷹派只會互相傷害，不如做鴿派彼此取暖；而如果大部分的人都是鴿派，做鷹派就有利可圖。

更有意思的是，根據這個理論模型，社會上鷹派和鴿派的人數比將維持在一比二的平衡。這個平衡是穩定的，哪一方的占比低於平衡，就會自動有人加入那一方。

當然，這個模型簡化了各種報償的數值，計算出來的人口比例也可能不符合實際情況。但是它的結論具有普遍意義，它為我們解答了為什麼社會上總是有少數鷹派和多數鴿派。我們抓住了這個現象背後的數學機制，這就是抽象推理的力量。

更複雜的模型能解釋更精細的現象，比如考慮隨著人口密集度增加，人們可以自由選擇與什麼人相處的情況，鴿派可能會有更大的優勢。而這樣的模型就能解釋為什麼現代人相對於原始人變得更溫順了……[41]

我們年輕時候的雄心壯志變成了對社會的低頭，我們感慨世風日下、人心不古，我們囑咐子女不要鋒芒畢露，可我們又暗自期望他們能走一條少有人走的路。這些都彷彿是個性和現實之間的對抗，殊不知一切的背後，都是數學。

問與答

Q 讀者提問：

一旦出現了大多數群體的普遍認同，其實在某種程度上也就是自我鎖死了。就像《樞紐》[42]一書中所描述的清朝晚期，其實如果當時沒有西方列強這個最大的干擾因素，清朝已經壽終正寢，也就不會有後面所謂的中興。納許均衡在達成當下的穩態同時，也一定程度上出現了限制和壓制的特徵，難道一定要外界突然打擊才能破局嗎？能不能從內部自身打破這種「穩定狀態」？

A 萬維鋼：

很有道理。一般來說，賽局各方的力量一直在此消彼長，賽局局面應該隨時都在變化。比如康熙時代和嘉慶時代的清朝，看上去都是領土完整，大致上內外太平，但是人口數量和經濟活力差別巨大，八旗軍隊的戰鬥力不可同日而語，那為什麼各族人民不馬上重啟賽局呢？這大約就是我們在〈群鴉的盛宴〉一文中說的人質困境，一旦建立起統治局面就容易守住，統治者只要棒打出頭鳥就行。

所以賽局局面的確有一定的慣性，人們的觀念也是一個維護力量。有時候需要一個突發事件作為導火線才能改變。外界突然打擊當然就是一個導火線，但內部也可能會出現一些時機。

Q **讀者提問：**
雖然理解現在家長為什麼趨之若鶩地為孩子報名才藝班或補習班，但如果按「演化賽局理論」這個策略原理，對孩子來說，豈不是每個人都要跟隨主流去補習班了？

A **萬維鋼：**
教育賽局的本質，是發出一個能使自己從人群中脫穎而出的信號，脫穎而出是跟隨大眾的反義詞。

在一般人只知道考大學很重要，還不知道有補習班的時候，上補習班有利於脫穎而出。但如果現在大部分的人都在上補習班，那我們就要重新考慮問題了。如果大考成績是唯一可能的信號，那我們也許不得不隨著去上補習班，但教育制度的演進必然會開發新的錄取方式。

好比以前可能會要求孩子參加奧林匹克數學競賽，但現在大學「獨立招生」是個更新的管道。如果是我的話，大概會好好研究獨立招生這條路怎麼走，看看能不能提前做準備。

總之，這個思路得有一點前瞻性的思維，最起碼也得知道現在的風頭浪尖是什麼。想脫穎而出，就千萬別跟隨大眾。

Q 讀者提問：

按常識來說，生男生女應該是隨機的吧？但我的阿姨生了八個女孩，這種分布是隨機的嗎？但是從整體人類來說，男女比例還是均衡的，大都是在一百比一百零幾，這是為什麼？

A **萬維鋼：**X染色體和Y染色體的數量一樣多，生男生女的受孕機率應該相同。有些微妙的自然或者非自然因素會影響受孕，具體的出生人口男女比例大約在一・〇六比一左右，不同地區和不同時期略有差別。不論如何，我們可以當生男生女的機率各自都是二分之一。

那連續生八個孩子都是女孩的機率有多大呢？是二分之一的八次方，差不多是千分之四。也就是說，每一千個生八個孩子的女性之中，就有四個人生的八個孩子都是女孩。

用機率論分析極端事件，你得這麼看：發生在一個特定的人身上，千分之四是個很低的機率；但是要說一大群人中有沒有這麼一個特定的人，那就是很高的機率。這就好比買彩券，讓你中大獎，那是極其不可能的事情；但是千千萬萬個買彩券的人當中，有一個人中了大獎，卻是必然的事情。

再換個說法。要讓我明天就經歷一次極小機率事件，那非常不可能。但是在一生之中，我或者我周圍的親友身上發生一次極小機率事件，那是非常可能，並且幾乎是必然的。

所以我們對待小機率事件的態度應該是這樣：我不相信特別具體的預測，但是如果發生了，即使是聽說的，我也認為完全合理。

第 15 章

永無休止的賽局

這不是一個每次都回到起點的無間道，
在這個演化的過程中，
每個參與者都變得更精明，更理性了。

最後一章，我想與你一起暢想一個賽局故事。

假設你是一個聰明又善良的青年，有一天突然繼承了一個遙遠王國的王位。你從沒受過執政需要的相關訓練，但是你決心挑起這副重擔，做個賢明的君主。

你受到了臣民的熱烈歡迎。他們告訴你，王城外是一片廣袤又富饒的土地，你應該開疆拓土。於是你興致勃勃地帶著部隊前去探測。

你們遇到了一隊弓箭手，派人上前問話，弓箭手一聽是你，竟然主動要求加入你的部隊。你們在路上發現了一個寶箱，裡面有一千五百枚金幣。你的王國很需要這筆錢，但是你認為貧苦的農民更需要錢，你決定把金幣全部分給農民。你的威望大漲，你帶領的部隊兵不血刃就占領了一座礦山和一片森林。

城裡傳來消息，說現在王國的建設迫切需要硫磺。你知道有一處硫磺礦，可是那裡有一隊祭司把守，他們拒絕臣服於你。你考慮再三，為了王國臣民的利益，不得不做出艱難的決定。你帶兵殺死了祭司，占領了硫磺礦。謀士寬慰你說，現在是戰爭時期，不用暴力是不行的。

城裡的建設規模愈來愈大，有情報說鄰國正在大力擴軍，可能要侵略你的王國。為了盡快取得建設和招兵的資源，你不得不一再訴諸暴力。你帶領部隊搶了兩個水銀礦、一個寶石礦和一個金礦。你撿到寶箱也不再分給農民了。你們攻擊了一個矮人的小屋，為了四千枚金幣殺死了幾十個無辜的矮人。你甚至霸占了農民的風車和水車，要求他們必須每週向你納稅。

有一天半夜你醒來，忍不住問自己：我還是以前那個善良的我嗎？我這麼做對嗎？你其實知道這麼做是對的。因為現在是戰爭時期，為了臣民的幸福，你必須做最理性的決策。

第二天，敵人打過來了。因為戰鬥力不足，你的王城陷落，你失敗了。

對手的反應

我以前經常做這個噩夢……這是一個叫「魔法門之英雄無敵」（Heroes of Might and Magic）的老遊戲。打電動可以陶冶情操，會讓你成為更理性的人。

我已經不記得第一次在遊戲裡殺戮是什麼感覺了。打電動的我，看到矮人的小屋不會起憐憫之心，我只會感到興奮。甚至現在連興奮的感覺都沒有，我只是例行公事地殺死他們，取得資源。

「遊戲」和「賽局」，在英文裡是同一個詞。新手容易動感情，老手總是理性。而且只有理性還遠遠不夠，遊戲過程中你必須選擇正確的策略才行。如果遊戲裡的對手比較弱，你還可以嘗試各種各樣的玩法，任意享受；遊戲難度增加，你就沒有太多選擇了；要打到最高難度，很多時候只有一種正確打法；如果對手和你一樣也是個人類玩家，那你就算什麼都做對了，也未必能贏。

關於決策的學問，賽局理論有什麼特殊之處呢？特殊在於賽局理論專門研究「有對手」情況下的決策。

最根本的賽局思維，就是在決策時必須考慮對手對你的策略做出的反應。之後你還得考慮你怎麼對他的反應做出反應，他會再怎麼反應……賽局理論要求你要站在兩個立場，甚至更多立場下思考問題。

對手的存在，使你不得不陷入競爭之中。

我聽過一個說法：[43]高空跳傘是一個讓新手非常緊張的運動。你會很擔心自己在半空中打不開降落傘，感覺這簡直是玩命。但是你最多緊張三次。跳過三次之後，你就認為這是一項平常的運動。

對比之下，國標舞是一個絕對安全的運動，但如果是參加國標舞比賽，你也會感到很緊張。國標舞比賽和高空跳傘運動最根本的區別在於：不管已經參加過多少次比賽，你下一次比賽還是會感到緊張。

這就是有對手和沒對手的區別。你能想到的，對手也能想到；你會做的，對手也會做。那你怎麼辦？

決策的終點

「納許均衡」是賽局理論裡最重要的思想，也是祛除妄念的清醒劑。納許均衡的意思是假設賽局各方都是足夠聰明的人，大家最終的策略選擇一定是這樣的局面：在這個局面裡，大家都認命了，誰也無法單方面改變策略去謀求一個對自己更好的結局。

納許均衡是謀略計算的終點。前幾章介紹了好幾種典型的賽局局面，你應該像學習成語典故和圍棋定式一樣記住它們，識別它們，並且舉一反三地應用它們。

如果各方有強烈的合作意願，而賽局有不止一個納許均衡，那我們就需要一個焦點。

如果合作對所有的人都有好處，但背叛對背叛者有直接好處，那就是囚徒困境。

為了擺脫囚徒困境，如果賽局是可重複的，我們應該尋求對背叛者進行懲罰的方式。以牙還牙是最經典的做法，但適當的寬容更能促成合作。

在殘酷世界裡，選擇做好人表面上看是不理性的，但只要賽局次數多，哪怕只是有限次的重複，做好人其實是有利的。

如果參加賽局的人數比較少，合作的利益比較大，各方就會形成串通和合謀，儘管這麼做未必對社會有好處。

有時候主動放棄一部分自由、讓第三方監管，反而能促進自由，而監管者也應該把自己當作賽局的一方。

如果能迅速占領某種資源或者造成既成事實，那就先下手為強；如果先出手的一方守不住，那後發者反而會因為得到了關鍵資訊和出手權而獲得優勢。

想要讓別人按照你的意志行事，最好的辦法是給他一個可信的威脅或者是承諾。

有些賽局只有混合策略的納許均衡，最高級的玩法不是欺騙對手，而是隨機選擇策略。

如果雙方資訊不對稱，傳達資訊最好的辦法是發信號，這意味著你要用行動去證明自己。

納許均衡是賽局的結局，可是真實世界從來都沒有結局，這是因為賽局局面總在變化，我們甚至可以主動改變賽局。

賽局理論的最高級應用是設計賽局，比如說制定一場拍賣的規則，但這非常不容易。

而賽局理論的最高視角，則是觀察不同賽局策略在人群中的演化。我們看到的是，賽局永無休止。

比別人早一步

賽局會把人變得更理性和更精明。

二十世紀八〇年代，進入大學需要考試的時代，但是那時候並沒有什麼課外補習班。

二十世紀九〇年代，數學競賽已經是中小學的常規賽事，競賽成績好，就可以獲得大學加分的機會，甚至直接保送大學。但是那時候的數學競賽訓練都是針對資優生，並沒有全民學習的風潮。

難道當時的人不知道上大學很重要嗎？知道。但是從知道一個賽局，到參加一個賽局，再到把一個賽局玩壞，以至演變出新的賽局，是需要時間的。這是一個逐漸演化、水漲船高的過程。

在美國，進入大學的考試是「學術能力評估測試」（Scholastic Assessment Test），常常稱為SAT。最初SAT只是一個私人公司經營的小規模考試，政府從來沒有規定上大學必須考SAT。後來學生們發現SAT成績是個很有力的信號，考SAT的人才愈來愈多。

逐漸地，SAT成了申請大學的必備項目。接下來，《美國新聞與世界報導》（*U.S News & World Report*）雜誌把入學SAT成績當作評鑑大學排名的一個重要指標。

當全民都考SAT的時候，有些大學又把SAT成績變成不硬性要求的「非必要選項」。而這麼做的一個大好處是，只有SAT考得好的學生才會向大學報告成績，於是，大學用於排名的SAT指標提高了。

等到SAT愈來愈不受關注，人們又發明了「大學先修課程」（Advanced Placement，簡稱AP）這個新信號。現在這個信號也快要被玩壞了。就好像當年的數學競賽一樣。

只要社會還需要把人才識別出來的信號，這樣的賽局就會永遠進行下去。

但這不是一個每次都回到起點的無間道，在這個演化的過程中，每個參與者都變得更精明，更理性了。

這永無休止的賽局還能把我們變成更好的人。

成為前瞻者

再回到艾瑟羅德組織的那個賽局策略競賽。我們知道，當個只合作、不懲罰的爛好人是肯定不行的，以牙還牙的策略最終會在比賽中勝出，而寬容版的以牙還牙——也就是被別人背叛兩次再報復——還有更好的合作穩定性。我們不妨把這兩種以牙還牙策略稱為「正義策略」。

演化賽局理論的研究發現，正義策略在一個社會勝出的速度，與重複賽局的次數非常有關係。

如果大家都是陌生人，彼此最多只進行一次賽局，那背叛策略其實是最優的。但只要賽局重複，哪怕只有兩、三次，正義策略的優勢就會愈來愈大，以至於所有人都學會了正義策略。到那個時候，連專門做好人的策略都能生存。

這難道不正是社會發展的縮影嗎？

過去，絕大部分人一輩子都生活在本鄉本土，周圍都是親戚朋友，大家經常見面，賽局的重複次數非常多。演化賽局理論說這樣的熟人社會裡正義策略應該是主流，事實上的確如此，好比古代中國是禮儀之邦。

到了近代，人口流動起來了，人們在陌生的城市裡舉目無親，就發生了很多爾虞我詐的事情。是向陌生人學壞了嗎？是因為政府忽視思想道德教育嗎？根本原因其實是大多數賽局變成了一次性。

但這只是暫時的。市場經濟愈來愈發達，人們會愈來愈依賴重複賽局。我們所處的地方會慢慢變成一個巨大的熟人社會。不管你是一個公司還是個人，你的品牌、信譽和名聲都是高度可見的，正義策略終將再次勝出。

韓非子有句話：「上古競於道德，中世逐於智謀，當今爭於氣力。」現在我們可以如下這樣理解這句話。

所有人都意識不到賽局的時候，可能你詩情畫意都能贏。

少數人意識到賽局的時候，誰意識到賽局，誰贏。
大家都意識到賽局了，那就只能比執行力，或者看誰能意識到新的賽局。
也許你有足夠的前瞻思維，能預期未來的賽局局面；也許你能舉一反三，熟練應對各種賽局局面，或者現在，你至少是個敢於參加賽局的參與者。
我們的賽局理論就介紹到這裡，理論永遠都只是理論。真正的智慧，來自永無休止的賽局。

番外篇

Player 作風

一個合格的 Player，

應該擁有四種作風——

有限、務實、慎重、客觀。

我們已經講完賽局理論，理論和技藝等值得講的都講了，沒講的，你只需隨時留心學習、舉一反三就好。這裡我想補充一點精神層面的東西。

賽局的首要精神是做個「Player」。這個詞沒有特別傳神的對應中文，一般翻譯為參與者、玩家或者運動員，在這裡，乾脆就叫 Player。所謂 Player，是能獨立自主參與賽局的人。Player 這個身分，不太符合傳統的身分認同。我們更熟悉的自我認同是作為整體的一部分，我們是某個學校的學生，是家庭的一分子，是某個公司單位的人，乃至國家的人。

賽局理論研究的是人與人合作、競爭，特別是對抗的學問，這些都不是我們日常做的事。我們的日常不進行賽局，做的都是些循規蹈矩的事情。這就使得我們一旦面對真正的賽局，會表現得很不專業，可能有一些很土氣的行為。所以我想分析一下 Player 的自我修養。

一個合格的 Player，應該擁有四種作風——有限、務實、慎重、客觀。這四個詞非常簡單，但是一般人根本做不到。

有限

你可能終生都會參加各種賽局，但每次具體的賽局都決定不了終生。賽局是有限的遊戲。這一局不論是贏是輸，既不會影響你是誰，也不會影響你會成為誰，你還是你。

在傳統的社會規範中，一說對抗就是不得了的大事，好像造反一樣，贏了就要當皇帝，輸了就是謀逆的死罪。現代社會的賽局其實更像是體育比賽，場上是對手，場下還可以交朋友。某個訂單是你拿到而不是我拿到，沒關係，我們不用互刪社群上的好友關係，以後還是可以交流往來。

哪怕我們是在競選美國總統，我強烈反對你的政治理念，但你當選也就執政四年，我可以接受。我甚至還要打電話向你承認我競選失敗，對你表示祝賀。我甚至會在未來四年聽從你這個總統的指揮。文明社會都是有限之戰，不是永遠的對戰。

這個 Player 的身分只是我們眾多身分中的一個，賽局不是人生的全部。能接受失敗的人，才有資格爭取勝利。

幼稚園老師教孩子玩遊戲，首先應該教的不是怎麼贏，而是在發現自己要輸了的情況下不翻桌，繼續玩下去。三個小朋友下跳棋，其中一個翻桌，別人就沒法玩了，下次誰還願意和他玩呢？不但要玩下去，最好還要和對手再次切磋。贏了就忘乎所以，輸了就哭天搶地，那是最土的行為。

參加賽局未必非贏不可。如果對手不犯錯誤，納許均衡的本質是平局。**遵守規則、接受失敗、尊重對手，這樣的人才敢於多參加賽局，才能在每次賽局之中保全自己，才有可能成為優秀的 Player。**

務實

我們的流行文化中有個特別不好的習慣，就是喜歡比「境界」。人們總愛幻想，光贏還不夠，還得贏得境界才行。

《孫子兵法》有句話：「百戰百勝，非善之善者也；不戰而屈人之兵，善之善者也。」這句話本來沒問題，但是因為被後世文人過度發揮，現在可以說已經成了中國文化的糟粕。歷來打仗沒有不靠軍事實力的，但是就有很多文人，認為自己的三寸不爛之舌能抵得上百萬大軍。

賽局的最高境界不是「不賽局」。幻想不戰而屈人之兵，最終以德服人，本質上是把對抗變成了文人比美。

怎麼對抗才算美呢？靠精良武器取勝肯定是不美，東方不敗是「飛花摘葉皆可傷人」，獨孤求敗是「草木竹石皆可為劍」，甚至最高境界還要做到「無劍」、「以神馭劍」……但真實世界裡有哪位高手是這麼比武的，梅西能不能用眼神射門呢？又或者梅西並不是天下最厲害的球員，天下最厲害的球員其實是在巴塞隆納足球俱樂部掃地的一位老人？

你辛辛苦苦地正在備戰，有人突然來告訴你還有一種更高的境界，這不荒唐嗎？把最不可能變成可能，是很有戲劇性的幻想，但是參加賽局就要尊重比賽。賽局理論不是研究「把不可能變成可能」，而是「怎麼實現是最有可能的」。真實世界裡的高手都需要給予合作者正確的預期，哪有可能刻意隱瞞高手身分？

新手常常有不切實際的幻想。曾經有很多數學家和物理學家成立了投資公司，在華爾街炒股。他們認為自己連理論物理都能玩轉，炒股等於是低一個檔次的出擊，結果就會遭遇慘痛的失敗。

「低一個檔次」是個幻想。任何成熟的領域根本沒有低一個檔次的機會。如果一個人以為他知道整條華爾街不知道的事情，那最大的可能是他不知道自己不知道。現在去華爾街的大多數物理學和數學博士是為別人做量化分析，是打工的人。

慎重

Player 是利益攸關的人。如果你的言行會牽扯到利益，那你的作風就會是慎重的。

有句話叫「文人相輕」，其實放諸四海都不例外。那些公共知識分子、大學裡的教授經常互相攻擊，有時候吵得很難看。季辛吉對這種現象有個精準的評論，他說：「學術界的政治鬥爭之所以這麼惡劣，恰恰是因為涉及的利益太小了。」

說白了，文人相爭都是打嘴仗而已，誰勝誰負並不值得嚴肅對待。季辛吉這句話可能是受到了美國政治學家華萊士．塞爾（Wallace Sayre）的啟發，現在這個說法被歸結成了「塞爾定律」，[48]意指在任何爭論中，感情的強烈程度和所涉及利益的價值成反比。

作為Player，你不能輕易挑起爭端，不能輕易表態，不能輕易透露相關資訊。你要是有影響力，就得注意影響力。

而且你最好時時刻刻都注意言行，平時也把謹慎當作風範。以前我在大學的時候，有一次辦公室新裝了無線網路，大學的一個技術人員到我辦公室來測試訊號強度。我們閒聊了幾句，他問我對學校ＩＴ部門有什麼意見，我說：「我不喜歡微軟的電子郵件系統，能不能改成Google的系統？」他說：「現在還不行……不要引用我的話，但是……我們的確有這方面的考慮。」

這是一個非常非常小的消息，他很想透露給我，但是他作為從業人員，沒有資格對外宣布消息，所以他特別聲明，把談話內容限定在私人範圍內。我對他肅然起敬，這是一個 Player。這麼多年過去，我想他應該不會介意我在這裡引用他的話。

客觀

你注意到了嗎？許多運動員接受記者採訪，幾乎都不用「我」這個詞，他們都是用「自己」這個詞來代稱自己。比如他們會說：「今天教練安排什麼樣的戰術，上場之後自己做了什麼，自己今天也比較有信心吧……」

很可能平時訓練的時候，教練就不用「你」來指代隊員。「自己」是個特定的詞，是第三人稱。與「自己」相對的是對手、隊友、裁判和教練，「自己」是這些參與者中的一個。這是一個跳出自我來看自我的客觀視角。這是把作為 Player 的自我和其他自我區分開來。這是「無我」。

參加賽局，其實就是老老實實地考慮以下這些因素。
第一，這個賽局是什麼，我想要什麼。
第二，我現在有什麼，我可以放棄什麼。
第三，對手的情況。
然後列出相關的條件，尋求這些條件限制下的一個最佳解，這就好像是在做一道數學題。而人們平常的思維習慣，是順著自己的感情波動，從情感最強烈的地方開始浮想聯翩，渴望這個，擔心那個，根本就不是分析問題。
具體的問題與具體的分析，其實是個非常高的要求，一般人總是從自己的「人設」（人物設定）出發做事。比如假設有一家高科技公司，因為被外國懷疑不當使用技術而受到調查，現在國際輿論對其不利。在這種情況下，如果這家公司要在國外進行媒體公關，應該怎麼做呢？
人的本能是從自己的視角說話：「我們是一家了不起的公司，我們的員工付出過艱苦的努力，我們公司現在無比強大，你們這是嫉妒……」這麼想當然可以，但問題是這家公司想從這次公關事件中得到什麼呢？他們想得到的是公司在國外的核心利益不受侵害，是對方的市場，是對方的認可，哪怕對方的同情都行。

正確的應對方式是考慮對方怎麼想，有效的公關必須站在對方視角說話，先同步，才能領導。

善為士者不武，善戰者不怒，善勝敵者不與，善用人者為之下。Player，是有氣質的。

註釋

—第 1 章　賽局理論不是「三十六計」—

❶《高速企業》（*Fast Company Magazine*）雜誌，You Got Game Theory! (February 2005).

❷ 指李師師，《水滸傳》中御香樓的頭牌，專門伺候宋徽宗。參見六神磊磊〈國師沒有好東西〉。

❸ 關於理性和行為經濟學，這本書論述精闢：David K. Levine, *Is Behavioral Economics Doomed? The Ordinary versus the Extraordinary.*

—第 2 章　群鴉的盛宴—

❹ Presh Talwalkar, *The Joy of Game Theory: An Introduction to Strategic Thinking* (2014).

❺《思辨賽局：看穿局勢、創造優勢的策略智慧》（*The Art of Strategy: A Game Theorist's Guide to Success in Business and Life*），阿維納什・迪克西特（Avinash Dixit）、貝利・奈勒波夫（Barry J. Nalebuff）合著。

—第 3 章　以和為貴—

❻《思辨賽局：看穿局勢、創造優勢的策略智慧》（*The Art of Strategy: A Game Theorist's Guide to Success in Business and Life*），阿維納什・迪克西特（Avinash Dixit）、貝利・奈勒波夫（Barry J. Nalebuff）合著。

—第 4 章　不縱容，但要寬容—

❼《賽局意識：看清情勢，先一步發掘機會點的終極思考》（*Game-Changer: Game Theory and the Art of Transforming Strategic Situations*），大衛・麥克亞當斯（David McAdams）著。

❽ 同前註。

❾《思辨賽局：看穿局勢，創造優勢的策略智慧》（*The Art of Strategy: A Game Theorist's Guide to Success in Business and Life*），阿維納什．迪克西特（Avinash Dixit），貝利．奈勒波夫（Barry J. Nalebuff）合著。

—第5章　裝好人的好處—

❿《思辨賽局：看穿局勢，創造優勢的策略智慧》（*The Art of Strategy: A Game Theorist's Guide to Success in Business and Life*），阿維納什．迪克西特（Avinash Dixit），貝利．奈勒波夫（Barry J. Nalebuff）合著。

⓫「商業內幕」（Business Insider）網站，Scientists Tested the "Prisoner's Dilemma" on Actual Prisoners — and the Results Were not What You Would Expect (February 2019).

⓬《思辨賽局：看穿局勢，創造優勢的策略智慧》（*The Art of Strategy: A Game Theorist's Guide to Success in Business and Life*），阿維納什．迪克西特（Avinash Dixit），貝利．奈勒波夫（Barry J. Nalebuff）合著。

⓭ David K. Levine, *Is Behavioral Economics Doomed? The Ordinary versus the Extraordinary.*

⓮《博弈與社會》，張維迎著。

⓯《經濟理論》（*Journal of Economic Theory*）雜誌，Rational Cooperation in the Finitely Repeated Prisoners' Dilemma (1982).

⓰「萬維鋼．精英日課」節目，〈做壞人的好處〉。

—第6章　布衣競爭，權貴合謀—

⓱《賽局意識：看清情勢，先一步發掘機會點的終極思考》（*Game-Changer: Game Theory and the Art of Transforming Strategic Situations*），大衛．麥克亞當斯（David McAdams）著。

⓲「Seeking Alpha」網站，https://seekingalpha.com/article/1836842-investors-best-friend

⓳ IDEX 研究，https://en.israelidiamond.co.il/diamond-articles/diamonds/idex-price-index-july/

⓴ Presh Talwalkar，*The Joy of Game Theory: An Introduction to Strategic Thinking* (2014).

㉑《預測工程師的遊戲：如何應用賽局理論，預測未來，做出最佳決策》（*The Predictioneer's Game: Using the Logic of Brazen Self-Interest to See and Shape the Future*），布魯斯．梅斯吉塔（Bruce Bueno de Mesquita）著。

㉒《賽局意識：看清情勢，先一步發掘機會點的終極思考》（*Game-Changer: Game Theory and the Art of Transforming Strategic Situations*），大衛．麥克亞當斯（David McAdams）著。

—第7章　有一種解放叫禁止—

㉓ https://www.elevenwarriors.com/2011/07/the-flying-wedge-and-the-big-ten

㉔ Arnold Kling, *Specialization and Trade: A Reintroduction to Economics* (2016).

㉕《公共行政評論》（*Public Administration Review*）期刊，The Regulation Dilemma: Cooperation and Conflict in Environmental Governance (2004).

—第9章　其身不正，雖令不從—

㉖ 有些介紹賽局理論的書會用不同的名詞區分可信和不可信的威脅與承諾，比如不一定可信的威脅叫「警告」，不一定可信的承諾叫「許諾」等，本書就不做這種區分了。

—第10章　後發優勢的邏輯—

㉗ Roberto Serrano, Allan M. Feldman, *A Short Course in Intermediate Microeconomics with Calculus* (2018).

㉘ 相關講解參考：https://www.pokerlistings.com/strategy/how-not-to-suck-at-poker-play-in-position.

㉙《思辨賽局：看穿局勢、創造優勢的策略智慧》（*The Art of Strategy: A Game Theorist's Guide to Success in Business and Life*），阿維納什．迪克西特（Avinash Dixit）、貝利．奈勒波夫（Barry J. Nalebuff）合著。

—第11章　真正的「詭道」是隨機性—

❸⓪ Ignacio Palacios-Huerta, *Beautiful Game Theory: How Soccer Can Help Economics* (2014).

❸① 《思辨賽局：看穿局勢、創造優勢的策略智慧》（*The Art of Strategy: A Game Theorist's Guide to Success in Business and Life*），阿維納什・迪克西特（Avinash Dixit）、貝利・奈勒波夫（Barry J. Nalebuff）合著。

❸② 「卓克・密碼學三十講」節目，〈改進鑰匙：你以為的「隨機」都是「偽隨機」〉。

—第13章　賽局設計者—

❸③ 《蘋果橘子經濟學》（*Freakonomics:A Rogue Economist Explores the Hidden Side of Everything*），史帝文・李維特（Steven D. Levitt）、史帝芬・杜伯納（Stephen J. Dubner）合著。

❸④ 《親愛的臥底經濟學家》（*Dear Undercover Economist*），提姆・哈福特（Tim Harford）著。

❸⑤ http://www.royalobservatorygreenwich.org/articles.php?article=940

❸⑥ 具體的理論模型參見《博弈與社會》，張維迎著。

—第14章　冥冥之中有定數—

❸⑦ 《史密森尼》（*Smithsonian*）期刊，The Lizards That Live Rock-Paper-Scissors (October 2011).

❸⑧ 迷因（Meme）的意思是「一個想法，行為或風格從一個人到另一個人的傳播過程」。這個詞是一九七六年，於理查・道金斯（Richard Dawkins）的《自私的基因》（*The Selfish Gene*）一書中首次出現，將文化傳承的過程類比成生物學中的演化繁殖規則（有共同先祖、隨著環境改變進化、優勝劣敗等）。

❸⑨ 更嚴謹的相關理論參見《博弈與社會》，張維迎著。

❹⓪ 同前註。

❹① 「萬維鋼・精英日課」節目，〈一個馴化故事〉。

❹② 《樞紐：三千年的中國》，施展著。

—第15章　永無休止的賽局—

㊸ Po Bronson, Ashley Merryman, *Top Dog: The Science of Winning and Losing* (2013).

—番外篇　Player 作風—

㊹ 由經濟學家查爾斯・伊薩維（Charles Issawi）歸結。

國家圖書館出版品預行編目 (CIP) 資料

高手賽局：「精英日課」人氣作家，教你拆解、翻轉、主導局勢，成為掌握決策的贏家／萬維鋼著. -- 初版. -- 臺北市：遠流出版事業股份有限公司，2021.07
面； 公分
ISBN 978-957-32-9178-7（平裝）

1. 職場成功法 2. 博弈論

494.35 110008975

Beyond 029
高手賽局
「精英日課」人氣作家，教你拆解、翻轉、主導局勢，成為掌握決策的贏家

作者／萬維鋼

資深編輯／陳嬿守
校對協力／呂佳真
封面設計／朱陳毅
行銷企劃／舒意雯
出版一部總編輯暨總監／王明雪

發行人／王榮文
出版發行／遠流出版事業股份有限公司
104005 臺北市中山北路一段 11 號 13 樓
電話／ (02)2571-0297 傳真／ (02)2571-0197 郵撥／ 0189456-1
著作權顧問／蕭雄淋律師

2021 年 7 月 1 日 初版一刷
2024 年 6 月 5 日 初版六刷
定價／新臺幣 380 元（缺頁或破損的書，請寄回更換）

ISBN 978-957-32-9178-7

遠流博識網 http://www.ylib.com E-mail: ylib@ylib.com
遠流粉絲團 https://www.facebook.com/ylibfans